家具设计基础（增补版）

吴卫光 主编

程雪松　莫娇　徐苏彬 编著

上海人民美术出版社

图书在版编目（CIP）数据

家具设计基础：增补版/ 程雪松，莫娇，徐苏彬编著.—上海：上海人民美术出版社，2021.12（2023.8重印）
ISBN 978-7-5586-2237-3

Ⅰ.①家… Ⅱ.①程… ②莫… ③徐… Ⅲ.①家具 — 设计
Ⅳ.①TS664.01

中国版本图书馆CIP数据核字（2021）第233171号

家具设计基础（增补版）

主　　编: 吴卫光

编　　著: 程雪松　莫　娇　徐苏彬

统　　筹: 姚宏翔

责任编辑: 丁　雯

流程编辑: 孙　铭

封面设计: 林家驹

版式设计: 朱庆荧

技术编辑: 史　湧

出版发行: 上海人民美术出版社

　　　　　（地址: 上海市闵行区号景路159弄A座7F　邮编: 201101）

印　　刷: 上海丽佳制版印刷有限公司

开　　本: 889×1194　1/16　8.5印张

版　　次: 2022年1月第1版

印　　次: 2023年8月第2次

书　　号: ISBN 978-7-5586-2237-3

定　　价: 65.00元

序言

　　培养具有创新能力的应用设计人才，是目前我国高等院校设计学科下属各专业人才培养的基本目标。一方面，这个基本目标是由设计学的学科性质所决定的。设计学是一门综合性的学科，兼有人文科学、社会科学与自然科学的特点，涉及精神与物质两个方面的考虑。从"设计"这个词的语源来看，创新与应用是其题中应有之义。尤其在高科技和互联网已经深入到我们生活中每一个细节的今天，设计再也不是"纸上谈兵"，一切设计活动都与创造直接或间接的经济利益和物质财富紧密相关。另一方面，这个目标也是 21 世纪以来高等设计专业教育形成的一种新型的人才培养模式。在从"中国制造"向"中国创造"转型的今天，早已在全国各地高等院校生根开花的设计专业教育，已经做好了培养创新型应用设计人才的准备。

　　本套教材的编写，正是以培养创新型的应用设计人才为指导思想。

　　鉴于此，本套教材极为强调对设计原理的系统解释。我们既重视对当今成功设计案例的批评与分析，也注重对设计史的研究，对以往的历史经验进行总结概括，在此基础上提炼出设计自身所具有的基本原则和规律，揭示具有普遍性、系统性和对设计实践具有切实指导意义的设计原理。其实，这已经是设计专业教育的共识了。本套教材希望将设计的基本原理、系统方法融汇到课程教学的各个环节，在此基础上，以原理解释来开发学生的设计思维，并且指导和检验学生在课程教学中所进行的一系列设计练习。

　　设计的历史表明，推动设计发展的动力，通常来自社会生活的需求和科学技术的进步，设计的创新建立在这两个起点之上。本套教材的另一个特点，是引导学生认识到设计是对生活问题的解决，学会利用新的科学技术手段来解决社会生活中的问题。本套教材希望培养起学生对生活的敏感意识，对生活的关注与研究兴趣，对新的科学技术的学习热情，对精神与物质两方面进行综合思考的自觉，最终真正将创新与应用落到实处。

　　本套教材的编写者，都是全国各高等设计院校长期从事设计专业的一线教师，我们在上述教学思想上达成共识，共同努力，力求形成一套较为完善的设计教学体系。

吴卫光

于 2016 年教师节

前言

在传统手工艺时代，作为日常生活用品生产和制作的主体，工匠往往既是设计师又是制作者。他们在从设计到制作，又从制作到设计的循环往复中不断总结经验，提高技艺。

18世纪，西方兴起工业革命，大规模的机器生产方式逐步取代传统手工艺。新的社会生产方式带来了新的社会分工和新的社会角色。设计和制作变成了两个不同的生产阶段，由受过不同教育和训练的人来完成，设计师应运而生。现代设计师在工作细分、工种细分的社会背景下与制作环节分离开来，专司设计、监督制作而不参与实际制作。然而，设计师是不能与生产分离的，包豪斯的设计教学深谙其中的道理，形成了艺术与技术、设计与工艺相结合的教学体制，成为现代设计教学经久不衰的范式。

然而，由于种种原因，艺术与技术游离、设计与工艺脱节成为当前国内各大设计院校教学中的通病。学生的设计止于设计效果图和设计文本，学生从未参与和体验过生产过程，在无从得知上一次设计合理性和现实性的情况下茫茫然地进入新的设计过程。设计教学中设计与社会实践相脱离，只讲理念创新、效果图表现而不懂生活、不懂制作、不参与生产过程的现象极为普遍。这种纸上谈兵、隔靴搔痒式的教学方式无法培养社会需要的合格设计人才。

当下，我们提倡"工匠精神"，应该包括提倡传统手工艺时代"设计、制作一体化"的工匠运作模式。"夫匠者，手巧也。"设计师，或者作为"未来设计师"的学生一定要动起手来。上海美术学院设计系程雪松老师和其他志同道合的专业老师一起，在多年教学探索的基础上，编撰了《家具设计基础》一书。此书的最大特色就是在阐述家具设计一般常识的基础上，设计了一套渐次进阶、由简入繁的家具制作课程作业。在课程推进中，学生有机会将自己的设计付诸实施，自己动手制作家具，在制作的过程中了解创意设计与材料、工艺之间的关联，验证设计的可行性与合理性，实现设计、制作和使用的良性循环。

程雪松等老师的设计教学改革是改变中国设计教学通弊的可贵尝试。我们希望以此为起点，推而广之，从根本上改变中国设计教学的面貌。

中国工艺美术协会会展专业委员会理事

上海市高等教育本科设计教学指导委员会副主任委员

上海美术学院设计系原主任

董卫星 教授

2017年9月18日

目录 Contents

Chapter
4
家具设计

Chapter
5
家具制作

Chapter
6
建筑·街具·定制

Chapter
7

家具设计的教学案例

Chapter
8

家具设计的作品赏析

Chapter 1

家具的概念

🔎 **学习目标**

了解家具的定义、分类和各类家具的功能需求。学习家具中常用材料的特征、相关结构和加工方式。

🔎 **学习重点**

1. 家具的定义和特征。
2. 坐具的复杂性和设计要点。
3. 各类家具中常用材料的特征。

一、家具

家具即家用器具。

唐代修订的《晋书·王述传》一书中对家具的描述有："初，述家贫，求试宛陵令，颇受赠遗，而修家具，为州司所检，有一千三百条。"到了明朝，文震亨在《长物志》一书中对家具的分类已非常详尽，特别是通过文人对家具制式的描述，不难看出家具已经超越基本的生活功能，成为品位及地位的象征。

英语中的"家具"（Furniture）一词来源于法语的"供应"或"提供"。Furniture，特指满足日常家居需求的用品。法语中的 "家具"（Meuble）和其他拉丁语系国家的"家具"均源自拉丁语 Mobilia，指可移动。由此可见，在西方，具有可移动性是将家具区别于房屋固定结构的一个本质特征。这也有助于理解宜家家具板式包装的概念来源，因为产业全球化后运输就变成移动的一个重要方面，板式包装成本低，更便于移动。

广义的家具涵盖家庭生活各方面物品，常见的有桌椅床柜、花瓶烛台、灯具等家居用品，甚至连杯碗瓢盆这类日用品也被列入家具范畴。在工作生产环境中，办公家具经过一个世纪的发展，已与民用家具并驾齐驱，成为家具行业的两个重心；在交通领域，火车、飞机、轮船以及私人轿车的座椅也是家具产业的重要组成部分；而医疗卫生领域对家具的专业要求也日趋完善。随着科技的发展，灯具、影音设备和厨房电器越来越多地被结合在家具中。近几年来，感应、反应元器件也被用在家具中，出现了一些有趣的智能家具，如移动坐墩等，这成为家具发展新潮流。

狭义的家具主要指民用和商用两大类，也是我们日常接触最为频繁、对我们影响最为直接的家具。

🔎 **小贴士**

家具

家具是日常民用领域不可或缺的产品，与使用者接触密切，可以根据来自大众不同的需求而产生千变万化的设计。作为设计师，应该坚守工业设计的基本准则，明确设计的目标群体，为解决问题和痛点而设计，为消费升级而设计，避免局限在为自己而设计的狭隘范围中。

❶ 沙发床（转引自网络）

❷ IKEA FRIHETEN 沙发床（转引自网络）

❸ 沙发床的机械结构 （转引自网络）

❹ Holly 沙发床（转引自网络）

❺ Vento 沙发床（转引自网络）

❻ Splitback 沙发床（转引自网络）

虽然本书以狭义的家具为介绍重点，但学习家具学科的一脉相承和现状，可以帮助我们以开放的思维理解家具及其拓展的边界，有助于设计研究的创新。

二、家具的特征

家具、建筑和产品的关系密不可分，三个学科都是以人为本，围绕人类活动所需孕育而生的设计方向，都具有从功能出发，紧密结合形式美感的基本特征。但又由于体量、尺度、受众和产量的区别，三个学科各有其考量的侧重点。

1. 功能性

家具既然是物质的产品，其功能性就尤为重要。产品的功能应满足使用的需要，家具产品的功能相对比较单纯，主要有"载人"和"载物"两个方面。载人家具需要更加注重人的使用情景与使用的便利性、舒适度和安全性。载物家具则以安全承载为主要因素，考虑家具安装及其与空间的关系。

现代生活中也越来越多见多功能产品。在电子产品设计中，通过对不同功能的整合，提升产品性能，能够更好地服务于使用者。在家具产品设计中，多功能也是创新点之一，比如折叠椅，在坐的基本功能上融合收纳和便携的新功能；又比如沙发床，在坐的基础上将使用功能扩展到睡。但需要注意的是：不论功能如何实现，必须保持家具的本质功能。再以沙发床为例，坐和睡的舒适度是家具的本质需求，不能因为收纳或折叠结构削弱这两个基本功能（图1~6）。

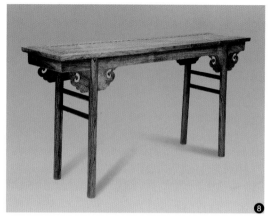

❼ 四出头官帽椅
❽ 明式案台
❾ 清早期黄花梨小万历橱
❿ 洛可可风格宫廷扶手椅
⓫ 洛可可风格镜前桌

❼

❽

❾

❿

⓫

2. 审美性

　　家具在生活中还承载了环境的艺术装饰作用,审美要求亦较为显著。无论是东方还是西方,家具都与使用者的生活息息相关,材料、制式和装饰纹样都能反映出文化背景。以中国最具有代表性的明式家具为例(图7、图8),其以文人参与品评著称。明式家具美学品位超凡脱俗,既可置于厅堂,又可入于画中,在结构的理性隽美中包含着笔毫的抑扬顿挫与流畅之美。如果说中国古典家具充满着绘画的表现力(图9),西方古典家具则更像是雕塑艺术。在欧洲历史上,不同时代的家具风格不尽相同,然而总体来说都以体量匀称、雕刻精美、材料搭配丰富有层次闻名,代表了各时期王室、贵族的精英审美(图10、图11)。

　　工业革命以来,随着家具产品产量的增长,过于个人主义的审美无法满足大批量的生产和广大群众对家具的外观要求。现代设计中根据市场调研,结合三大构成原理指导家具设计生产,让大规模工业化生产的家具也具有普世的美感。如今生活物资日益丰足,市场浮现出不同层次的审美期待,家具领域也涌现出一批形式感强、个性张扬的小众产品,审美的多元化被大众认可接纳。

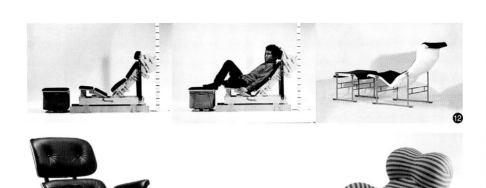

013

Chapter 1 家具的概念

Chapter 2 家具的发展与变迁

Chapter 3 环境·家具·人体

Chapter 4 家具设计

Chapter 5 家具制作

Chapter 6 建筑·街具·定制

Chapter 7 家具设计的教学案例

Chapter 8 家具设计的作品赏析

⓬ 库卡波罗用于研究人机设计的可调节测试设备
⓭ 伊姆斯沙发
⓮ 妈妈沙发

🔍 小贴士

家具的特征

本节列举的是家具的主要特征，家具根据不同的类别或是具体应用，还会发展出很多其他特征，比如家具品牌的产品性乃至商业性、经典家具的收藏性等等。众多特征呈网络状相互联系。综合评价，掌握家具的众多特征可以增长见识，触类旁通。

3. 近体性

家具服务的对象主要是人，是与人长时间接触的产品。因此，人机工程学不容忽略。人机包括尺寸、色彩、材料、肌理等物质因素，也蕴含设计语义等文化背景。家具要让人用得顺手，用得舒服，合适的尺度是关乎生理需求的基本因素。20 世纪中叶是人机尺度研究的蓬勃发展时期，几位家具设计大师，如伊姆斯夫妇（Charles 和 Ray Eames）、约里奥·库卡波罗（Yrjo Kukkapuro）皆以研究测试最佳人机尺度而设计出舒适家具著称（图 12）。北欧家具至今还保持着亲体的曲面造型，这成为北欧风格的重要特征。在美国，办公家具公司赫曼·米勒（Herman Miller）接下了伊姆斯夫妇设计的衣钵，在办公领域引领健康办公的家具设计理念（图 13）。

色彩、材料和肌理等因素在心理层面上容易影响使用者，合适的材料、肌理能增加家具的质感，让人更积极地触摸、使用家具。现代设计中根据对不同文化圈的研究，在产品中引入语义设计，提升了家具使用者精神上的满足感。埃塔诺·佩谢（Gaetano Pesce）设计的妈妈沙发（Serie Up 2000，B&B，意大利）以丰满的造型暗示母性的语义，让人不由自主地想投入其怀抱（图 14）。

4. 空间性

家具是与建筑相伴而生的。最早的家具是建筑的一部分，具有定义空间的作用，并且沿袭了建筑空间的风格、形式和装饰。直到现代，大多数建筑设计师的家具设计都还是为了特定的建筑空间而设计的，如弗兰克·劳埃德·赖特（Frank Lloyd Wright）设计的巴勒椅（Taliesin Barrel Chair）（图 15）等，不胜枚举。随着社会生产的日益细分，家具也开始走向产品化，专门为个体空间定制民用家

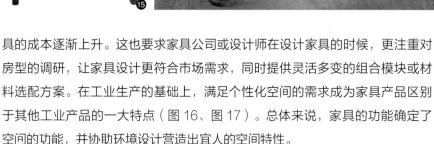

具的成本逐渐上升。这也要求家具公司或设计师在设计家具的时候,更注重对房型的调研,让家具设计更符合市场需求,同时提供灵活多变的组合模块或材料选配方案。在工业生产的基础上,满足个性化空间的需求成为家具产品区别于其他工业产品的一大特点(图16、图17)。总体来说,家具的功能确定了空间的功能,并协助环境设计营造出宜人的空间特性。

三、家具的分类

1. 坐——椅凳类

座椅板凳是与"坐"相关的家具,是最常见的家具种类,也是最先出现在人类发展史中的家具。俄罗斯加加林诺遗址(Gagarino)出土的新石器时代的"宝座上的维纳斯"雕像(图18),其石制的椅子与现代家具无异。虽然在不同历史时期,不同文化环境有不同的"坐"的方式,出现过不同坐高、大小的坐具,但是对"坐"的基本要求并无多大变化,都要求提供"坐"的界面,结构稳固舒适。"坐下"与"站起"时施力的改变也是坐具中相当重要的一个考量因素,在受力变化时,坐具需保持一贯的稳定性是坐具设计的本质要点。现代健康要求坐具在舒适的基础上,还要能引导人们有意识地活动身体,避免久坐造成肌体危害。在空间条件的限制下,可折叠、可叠放、便于收纳也日益成为坐具设计中的常见要求。

坐具类家具包括凳、椅、沙发三大类。坐具与人接触最为紧密,其功能要求各不相同。坐具的设计变化无穷,正因为如此,它也成为最受关注的设计产品。

⑮ 巴勒椅
⑯ 赖特设计的巴勒别墅客厅
⑰ 赖特设计的巴勒别墅壁炉区
⑱ 宝座上的维纳斯

2. 卧——床榻类

卧具是为睡卧行为服务的家具,这类家具不仅要能满足使用者对舒适度的要求,还需要顾及人在睡觉时对私密性的心理安全需求。综观东西方古典家具鼎盛时期的卧具,都以架子床加帐篷为基本形制,因为古典建筑空间高大开阔,

015

Chapter 1 家具的概念

Chapter 2 家具的发展与变迁

Chapter 3 环境·家具·人体

Chapter 4 家具设计

Chapter 5 家具制作

Chapter 6 建筑·街具·定制

Chapter 7 家具设计的教学案例

Chapter 8 家具设计的作品赏析

把床做成具有包合感的形式，能够较好地控制环境温度和氛围，有利于安眠。

卧具类家具包括床和卧榻，床包括床架和床垫，床垫虽然外观形式变化不多，但是对人的躺卧行为影响最大，是家具产品中技术含量较高的产品。卧榻在古代生活中多为小憩、小寐而用，与休闲放松的生活行为相关。在现代，卧榻基本和沙发的功能结合，产生了多人沙发、美人榻、日式床等家具形式。

3. 倚——桌几类

倚具类家具以荷载物为主要功能，兼有对局部人体的支撑功能。无论在私密空间还是公共场合，与倚具类家具相联系的行为有很多，如吃喝、工作、读写等等，这就要求此类家具不仅具有结构的稳定性和使用的便利性，同时还要具备一定的社交性，这为此类家具注入了文化因素。比如圆桌在西方文明中的诞生，源于大家对民主平等的要求——在圆形的桌面上议事不分主次。

倚具类家具中常见的有餐桌、书桌、工作桌、茶几等，还有花几（架）、条案等具有很强装饰性的家具，这些在设计中也是容易出彩的产品。

4. 储——箱柜类

储藏类家具是典型的载物家具，与载人家具比相对简单，但也要保证稳定性。在选材上可以根据承载物品的不同，合理选择性价比高的材料。在传统家具中，常用香樟木做箱子，防虫蛀性能高；在现代家具中，则常以香樟木皮的贴面或实木框架做衣柜，既减少了对实木的需求，成本降低，也可以起到与实木相同的效果。储藏类家具体量大而沉，在环境中对空间影响大，对结构荷载有要求，需要考虑建筑与室内结构，其形式感和装饰性随之产生。

储藏类家具包括箱子、大小衣柜、五斗橱、书架等等，其中翘楚为中国古典家具中的博古架，兼具储物与展示功能，是家具中的经典。

5. 庡（yǐ）——屏风类

隔类家具是建筑的衍生，比如活动的矮墙，能起到划分空间、装点环境的重要作用。早在西汉中山王刘胜《文木赋》一文中就有用瘿木（树瘤）制作屏风的记录："……制为屏风，郁弗穹窿……"现代住宅起居空间小，而且房型的分割比较明确，对空间划分的要求减弱。屏风多用在工作或多功能活动场所，特别是在现代阁楼空间（Loft）和开放办公环境里。屏风常与降噪、控制光环境等功能结合，也是家具中容易出彩的设计。

隔类家具主要为屏风，分可折叠和不可折叠两种。新兴的屏风设计则以模块化的单体和插接方式安装，灵活多变。

🔍 **小贴士**

家具的分类

家具按功能可划分为许多类别，但是万变不离"载人—载物"的二元之分。载人家具在承受净重上还须考虑使用者在动作变化时产生的动力变化对家具稳定性造成的影响，设计及制作均具有挑战性；载物家具受力问题相对单纯，主要为承重因素，容易运用新结构、新材料，体现设计创新。然而现代生活方式变化万千，比如年轻一代喜欢坐在茶几上与人交流，茶几也需像坐具一样稳定；又存在宜家五斗橱因为本身材料太轻，重心集中在上方抽屉，容易被儿童一把拽倒等问题。在载物家具中也要预见到使用者在周边产生的"特殊"行为对家具设计的影响，保证基本的安全。

四、家具的材质

家具品种繁多，可以选用的材料也十分宽泛，这无疑为家具设计与生产提供了创新的可能性，平添了很多的乐趣。木材资源丰富、加工便利又有天然的纹理，是大多数家具的选材；金属坚固耐用，光泽耀眼，充满现代感；塑料价格低廉、质量轻盈，却有丰富的表现性能，注塑加工便于大批量家具生产；玻璃具有透明的特殊光学性能，便于生产和回收，在家具中也应用广泛。另外，随着复合材料的发展，各类纤维树脂材料的家具不仅在视觉上，在结构上也有巨大的突破。总体而言，家具与材料相辅相成，材料领域的枝繁叶茂成就了家具设计的层出不穷。但是在材料选择和应用上，还须满足家具的本质属性，既要结构稳固、使用便利、经济合理，同时也要尊重材料，不浪费材料，不使用危害环境的材料。

1. 木及木质复合材料

木材来源广泛、加工便利、表现性能强，是家具中最常用的材料。木材是天然有机材料，自然生长，是典型的可再生资源。国际上很早就确立了关于树木种植、木材开采的规范和标准，如 FSC 森林认证（FSC 森林认证，又叫木材认证，是一种运用市场机制来促进森林可持续经营，实现生态、社会和经济目标的工具）。

总体来讲，北方树种木材直，成材快，但木质疏松，密度低，是适合做建筑等基本建设的木料。在实木框架结构中运用必须要考虑木料尺寸、截面造型和连接方式等问题，保证结构稳固；同时还须考虑木材变形，做好相应的防护处理。这类木材在胶合板、指节板、刨花板和密度板这样的木质复合材料中优势明显，一是由于木材产量高，便于工业化取材和生产，二是木材与树脂复合后材料的性能有很大提高，较大程度上解决了木材各向异性和变形翘曲的问题。南方则多产硬木，成材年数长，木质紧密，是做细木工和框架式家具的优良木料。明式家具中的经典苏作圈椅、官帽椅等多以黄花梨、紫檀等木材制作，只有这些木材才能做出如此纤细的椅腿、扶手等杆件，呈现简练之美。但在漫长的历史时期中，人们只开采和使用，并不种植补给，再加上这类硬木的成长速度相当缓慢，造成此类木材的稀缺。现代人们的环境保护意识增强，大多数政府的行政法律严令禁止砍伐原始森林，以保护地球上仅存的几个原始森林生态圈。尽管如此，要真正阻止非法砍伐稀有树木，还需要从使用源头上杜绝，更要求设计师能够有意识地、积极地劝说用户，并以创新设计取代对原始森林中珍稀木材的无节制使用。

在家具制作和生产中常用的木材有杉木、松木、桦木、枫木、榉木、白蜡木、橡木、榆木、柳桉等；相对比较贵重的木材有柚木、胡桃木、樱桃木等；还有像杨木、桐木等这样的轻质木材；红木、乌木、花梨木等木材因为采伐来源的合法性难以确认，不属于本书的讨论范围。

017

Chapter 1 家具的概念

Chapter 2 家具的发展与变迁

Chapter 3 环境·家具·人体

Chapter 4 家具设计

Chapter 5 家具制作

Chapter 6 建筑·街具·定制

Chapter 7 家具设计的教学案例

Chapter 8 家具设计的作品赏析

• 松木（Pine）

松木质地比较疏松，密度小、质量轻、颜色淡，木纹排列直，纹理清晰。在家具使用中有绝对的价格和加工优势，但也需要考虑变形等问题（图19）。

• 桦木（Birch）

桦木质地细腻，密度较小，质量轻，颜色和木纹都非常淡，木纹略呈波浪变化。不能用作坚固稳定的实木家具的框架结构材料，但是在胶合板的应用中表现优异，适合与其他材料复合使用（图20）。

• 榉木（Beech）

榉木质地坚硬，密度较大，颜色偏淡，花纹密实，排列整齐，有很高的抗冲击性能，是制作实木家具的优良材料（图21）。

• 白蜡木（Ash）

白蜡木质地坚硬，密度较大，颜色偏淡，木纹比较直，排列清晰。它因优良的弯曲性能，常被用在椅子的靠背、扶手等弯曲木质部件上（图22）。

• 橡木（Oak）

橡木质地非常坚硬，密度大、颜色淡、木纹细密，有明显的开放式纤维孔。橡木分为白橡和红橡两种，木质纹理基本相同，只因红橡在木纹中有一些红色纤维而有所区别（图23）。自古以来，橡木一贯是欧美高档家具的选材，直至今日还是如此；连橡木皮都是具有较高价值的装饰材料，被使用在众多板式家具的贴面上。

• 枫木（Maple）

枫木质地坚硬，密度较大，颜色偏淡，略偏红，有自然旋转扭曲的波浪式木纹，耐磨、耐水、耐用，性能好（图24）。

• 榆木（Elm）

榆木质地比较坚硬，密度中等，颜色偏淡、偏黄，木纹明显，纤维的致密程度区别大。榆木种类繁多，老榆木和新榆木的硬度区别明显。中式家具中比较常用榆木，特别是制作木纹深度蚀刻或风化的有历史感的家具（图25）。

• 柳桉（Lauan）

柳桉质地较软、密度中等、颜色偏深，略偏红，木纹有光泽，容易干燥开裂，加工时有强烈气味，在东南亚常以旋切方式取薄板制作胶合板（图26）。

🔟 松木
🔟 桦木
🔟 榉木
🔟 白蜡木
🔟 红橡
🔟 枫木

🔟 榆木
🔟 柳桉
🔟 柚木
🔟 胡桃木
🔟 杨木
🔟 泡桐木

• 柚木（Teak）

柚木质地非常坚硬，密度较大。黄褐色的木材中间或有部分木纹在光线下闪闪发光，使得木材呈现出金黄色。柚木因为有天然的油性而受大众喜爱，也是东南亚、特别是缅甸最著名的木材。其木皮也是常用的板式家具贴面材料（图27）。

• 胡桃木（Walnut，Hickory）

胡桃木质地非常坚硬，密度较大，颜色为淡咖啡色，以高强度和层次丰富的木纹著称，适宜做任何家具，也是欧美高档家具的用材之一。胡桃木皮分为山纹和直纹，是板式家具和室内装修中较为高档的贴面材料。常见胡桃木有北美黑胡桃木和山核桃木两种（图28）。

• 杨木（Poplar）和泡桐木（Balsa）

杨木和泡桐木都属于轻质木材，虽然质地疏松，但木质相对比较坚硬，木材的颜色都比较淡，木纹清晰舒展，是用作家具隐蔽内壁的好材料（图29、图30）。杨木在夹板和细木工板中应用较多。泡桐木在日式家具中比较常见，因为日式家具比较矮，不需要太强的支撑强度，而且日本地震较多，家具在震动摔倒时若重量较轻，不会造成过大损伤。中国河南的盐碱地是出产泡桐木的主要地区，泡桐木也是当地的重要经济作物，如果能够在合理范围内多使用泡桐木，有利于当地经济发展和环境优化。

除了实木材料外，木纤维复合材料也是家具制作中不可忽视的重要材料。

❸❶ 胶合板
❸❷ 刨花板

❸❶

❸❷

• 胶合板（Plywood，Multi-ply）

胶合板是将一定厚度的木皮或薄板用树脂黏结在一起的复合型材料（图31）。每层的木纹相互垂直，以减少木材的各向异性。层数通常是奇数，以确保板材表面张力的平衡，避免板材的翘曲现象。胶合板分为两种。一种是以预制板材的形式生产，再由家具加工厂继续加工成家具部件。我们看到的很多板式家具，特别是比较高端的，如欧洲、美国的一些办公家具，都是用这样的胶合板材料制作的。另一种则是将木皮过胶后直接放在三维的模具中压制，待干燥固定后，从模具内取出已经一次成形的家具部件。芬兰设计师阿尔瓦·阿尔托（Alvar Aalto）就是制作此类胶合板家具的先驱。直至今日，这样的胶合板家具因其生产的便利性、结构的合理性以及美观的曲面仍然在普遍使用。

• 细木工板（Core-Board）

细木工板通常以松软木方作为夹心，柳桉做两面侧板的预制板材，有较好的结构性能。细木工板可以用作家具面板，表面还需加做木皮贴面或用油漆处理。

- **刨花板**（Fiber Board，Particle Board）

刨花板是实木刨花与树脂压制的板材，有较高的强度和结构性能，基本被用作家具的饰面板，通常在表面复合三聚氰胺的贴面板增加耐磨性（图 32）。

- **密度板**（KMDF，Medium Density Fiber Board）

密度板是细小的木屑与树脂混合压制的板材，密度高，有一定的强度，通常用在板式家具中，需要做封闭（浑水）漆或贴木皮以美化家具产品（图 33）。

- **蜂窝板**（Honeycomb Board）

蜂窝板是蜂窝结构的纸或铝材板芯，两面复合木夹板或三聚氰胺贴面的板材，质量非常轻，抗挠强度（指保持平整，不发生翘曲的能力）高，常被用作桌面板或隔板（图 34）。

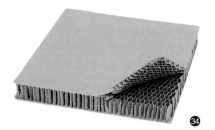

- **竹材**（Bamboo）

竹材是当下较为热门的材料，成材快，绿色环保，寓意中国文化中的"君子气节"，深受大众喜爱（图 35）。竹材与木材一样，属于自然纤维材料，有着自然纤维材料的共同特征，如各向异性，所以在使用时必须以家具部件及结构受力要求合理取材。现代竹材主要分为两个大类：一是原竹类，在产品中尽可能地保留竹材的生物特征，但是此类产品的生产效率较低；二是工程竹板，其制造方式如同细木工板，是竹纤维与树脂胶的复合材料，在宜家、诺凡等公司的办公桌、会议桌桌面上被大量应用。

③ 密度板
④ 蜂窝板
⑤ 竹材板

- **藤**（Rattan）

藤是亚洲，特别是东南亚地区制作家具的常用材料。藤的纤维长而且具有韧性，易弯曲加工。带有弧形部件的藤制家具与蒸汽热弯的索耐特（THONET）家具有异曲同工之妙。倘配以好的结构，藤制家具的形式感和艺术性都有巨大潜力。藤条分为藤芯和藤皮，藤芯可以被用来做支撑、框架杆件，藤皮可以被用来做编织面。

2. 金属

金属材料质地坚硬，有特殊的光泽，是家具中广泛使用的材料，早期作为装饰部件或连接、禁锢部件存在，如中西古典家具中常见的黄铜配饰、早期家具中的铁钉等，主要以浇铸、锻造等重手工艺的方式生产。从工业革命开始，金属加工有了巨大飞跃，金属材料以板材和型材状态被生产出来，在包豪斯的设计理念影响下，金属产品以大工业化生产方式出现，通过冲压、折弯等方法加工。金属部件加工速度快，性能标准统一，成为取代木质结构部件的主要家

021

Chapter 1 家具的概念   Chapter 2 家具的发展与变迁   Chapter 3 环境·家具·人体   Chapter 4 家具设计   Chapter 5 家具制作   Chapter 6 建筑·街具·定制   Chapter 7 家具设计的教学案例   Chapter 8 家具设计的作品赏析

❸❻ 金属悬臂椅（S33）
❸❼ 金属弯管办公桌椅
❸❽ 普鲁威设计的学校课桌椅
❸❾ 普鲁威课桌椅的翻新设计

具材料。包豪斯的著名产品之一——由马特·斯坦（Mart Stam）为索耐特公司
设计的悬臂椅（S33）（图36）就是利用金属管材的强度、弹性和塑性变形的加
工能力，把一根钢管连续折弯直接加工成一般椅子的框架结构，使椅腿减少成两
条，这成为椅子设计史上的重要创新之一；同时，悬臂的架构使得椅子在坐的时候
还具有一定的弹性。值得一提的是法国的让·普鲁威（Jean Prouve），他的金属
加工厂在战争中积累了丰富的飞机加工经验，战后他将金属加工技术运用到了民
用家具领域（图37）。他与柯布西耶（Cobusier）、夏洛特（Charlotte）等一起
开发设计生产的学校家具不仅被运用在法国的大多数学校中，也主导了全世界的
学校家具设计（图38）。圆管前腿与三角形后腿的搭配，结合胶合板柔和的曲面，
成为经典设计，直至现在还在生产，并持续成为空间中时尚的构成元素（图39）。
　　金属材料一般分为黑色金属和有色金属。

● 黑色金属——钢铁

　　钢铁在家具中被运用最多。铸铁呈黑色亚光，热浸镀锌钢结构表面为灰色，
这两种材料多在室外家具使用。在室外运用金属材料时，首要因素是材料的抗氧
化性能，也就是防锈的能力要好，不能因为金属锈蚀而损坏支撑结构，造成危险；
也不应该因为铁锈、铜锈等金属氧化物，弄脏使用者的衣物等。在室内，金属家
具可以用钢管、钢板来做，一般钢材是黑灰色，但是常常因为生锈而带红锈色斑，
钢材可以采取涂油漆的方式保护，颜色选择丰富。钢管镀铬也是常用的处理方法，
可以使钢管表面有光滑的镜面效果，显得高档美观，但是加工中必须要重视环境
污染问题，加工厂必须有净化设备，以避免对环境的危害。不锈钢材料为银灰色，

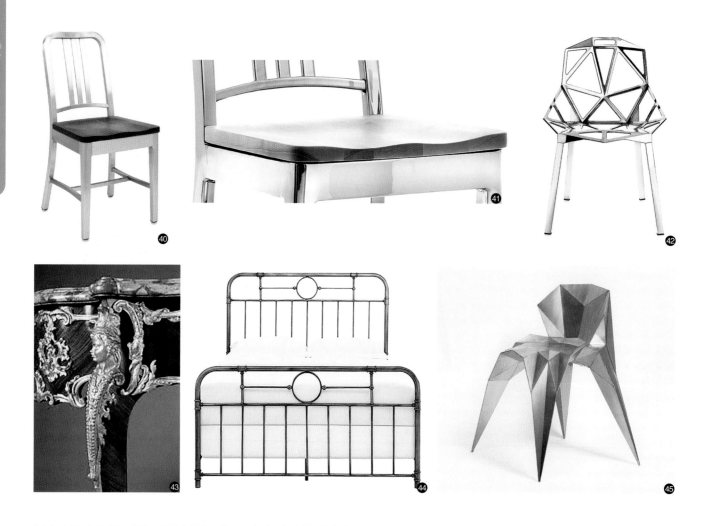

是室内和室外都可以运用的材料，由于不锈钢中有镍的合金，所以不容易生锈，但是镍的含量不同，抗锈能力也不同。如在沿海城市，空气中水分和盐分都比较高，不锈钢的标号也要高一点。

⑩ 安美可海军椅
⑪ 安美可海军椅细节
⑫ 玛吉斯一号椅
⑬ 铜在家具装饰中的应用
⑭ 工业风格的铜床
⑮ 张周捷设计的黄铜椅

• 有色金属——铝

铝是 21 世纪绿色材料之一，质量轻、强度高，加工和回收耗能都低。铝合金材料成为现代家具中常用的材料。美国的安美可（EMECO）家具以出产的铝合金座椅质轻、坚固、耐用而著称，其产品不仅用在民用领域，在交通空间等公共场所也备受欢迎（图 40、图 41）。康斯坦丁·葛契奇（Konstantin Grcic）为玛吉斯（MAGIS）设计的一号椅（Chair One）令人眼前一亮，设计师运用计算机辅助工具，测试金属压力浇铸的流动方式和速度，使得椅子呈现出网状的精干造型（图 42）。

• 有色金属——铜

铜具有紫红色的光泽，非常软，很少被直接用在家具产品中。与锌形成合金后，黄铜呈现出金黄色，强度、硬度皆有提高，特别是具有良好的延展性，常被用来制作家具配饰及五金件（图43~45）。

　　其他的有色金属在家具中的使用较少，但有时作为微量成分，出现在钢、铝、铜的合金中。

3. 塑料及软体材料

　　塑料是高分子聚合材料，通常以树脂为基础，结合多种元素，是材料中特征及表现性能最为丰富的材料大类，也是性价比最高的材料。有的塑料比金属还要硬，更耐磨，被用在五金配件中；有的塑料比玻璃还透明，且抗冲击性能高，常被用在防弹玻璃的夹层中。现代社会用的塑料大多是石油化工产物，所以被定性为不可再生资源，再加上"白色污染"使得大家谈"塑"色变，其实对待塑料的看法要有所区分。首先，合理设计塑料产品，使之有用而耐久，是固碳的最好方式；其次，在使用和生产中认证、追溯塑料的各项成分，可以保证材料的安全性，让回收和降解都有据可依，让塑料更好地为我们的生活服务，而不危害环境；最后，大力发展生物塑料，从可再生的资源中获取原料，可以让我们对塑料的使用更加长久充分。现在一次性餐具中已有大量的生物塑料制品，预计在不久的将来，一定会出现生物塑料的家具。

　　塑料种类繁多，就家具而言，同样是塑料椅子，有价格几元钱的，也有价格上千的。不同塑料不仅价格不同，加工方式也不同，表现性能更是大相径庭。这里介绍几种在家具中最主流的，并有发展前途的塑料材料。

• PP 塑料

　　PP 塑料价格低，具有非常好的抗疲劳性能。在家具配件中常被用作合页，在家具中可作椅子的座面和靠背等经常受摇摆剪力影响多的部件。玛吉斯的"空气"（Air）系列就是以聚丙烯材料为主，用气体辅助注塑的经典产品（图46~48）。它质量轻，属于四腿站立结构，非常稳固、耐用；一次成型，生产效率极高。

❹❻ 玛吉斯空气桌椅
❹❼ 玛吉斯空气椅
❹❽ 玛吉斯空气桌

023

Chapter 1 家具的概念

Chapter 2 家具的发展与变迁

Chapter 3 环境·家具·人体

Chapter 4 家具设计

Chapter 5 家具制作

Chapter 6 建筑·街具·定制

Chapter 7 家具设计的教学案例

Chapter 8 家具设计的作品赏析

• PBT 塑料

PBT 塑料价格高、强度高，耐热、耐候性能好，吸水率低，有非常好的注塑流动性能，适合制作薄壁产品。专事坐具生产的普兰克（PLANK）邀请康斯坦丁·葛契奇设计开发的米托椅（Myto Chair）就是 PBT 和玻璃纤维复合注塑的产品（图 49）。悬臂式的椅子是对塑料的挑战，而米托椅以超薄的形式回应了这个挑战，它不仅耐用、耐磨、质地轻盈，而且座面和靠背上的透空肌理让这件家具带给人超现实主义的技术感。

• PC 塑料

PC 塑料价格高、透明度高、抗冲击性能强，易于注塑成形。菲利浦·斯达克（Phillippe Starrck）为卡太尔（KARTELL）设计的"路易魂"（Louis Ghost）系列可以说是 PC 塑料在家具应用方面最经典的案例，也开启了卡太尔多个系列的透明家具产品潮流，风靡全球。

• PMMA 塑料

PMMA 塑料俗称亚克力，价格高、抗 UV 性能高、透明度高、色彩丰富，多以板材或型材形式生产，可通过机械加工或热成形等方式进行二次成形，故而受到众多设计师的热爱。卡普利尼（CAPPELLINI）推出的彩虹椅（图 50），是由设计师帕特里克·诺尔盖（Patrick Norguet）将亚克力板材通过数控切割成一块块椅子的纵截面，再用胶水黏结，最后在加工中心修模成形的一件家具，加工方式可谓新时代数控手工艺，产品价格不菲，但是其独特彩色透明效果出众，成为家具产品中的艺术品。在中国，也有设计师将中式家具以亚克力材料呈现出来，效果令人惊艳（图 51、图 52）。

❹ 普兰克米托椅
❺ 卡普利尼彩虹椅
❺ 七月工房亚克力明式圈椅
❺ 七月工房颐和案台

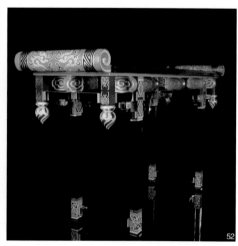

❸ 聚氨酯海绵 O 形椅

• **PU 塑料**

PU 塑料价格中低，通常是以发泡材料的形式用在沙发等软体家具中，也称为海绵。发泡 PU 无疑大大促进了坐具的舒适度，但发泡密度不同，海绵的硬度也不同。在软体家具中要合理选择适合的硬度，优化坐的舒适度和对身体支撑的合理性是重要的诉求。

• **PVC 塑料**

PVC 塑料价格低，有一定弹性，耐磨性能好，最常见的是以人造革的形式用在软体家具的表皮上，也有少部分以膜的形式用在充气家具中。PVC 材料严禁在室外使用，因为它在 UV 光作用下会造成聚合链的损坏，产生有毒气体。

软体家具常见的有沙发、座椅和床垫，通常由框架、弹簧或绷带、PU 海绵及表面包裹材料几部分组成。框架有木质或金属两种，视造型、强度要求而定，如 O 形椅（图 53）把纤细的金属框架和柔软的海绵包装结合在一起，形成简洁的造型。表面材料有真皮、织物或 PVC 的人造革等等，形式变化丰富，容易实现设计的个性化。

• **油漆**

油漆也属于塑料大类，具有保护和美化的双重作用。中国很早就使用漆树漆做家具或日用器物的外表面。随着 20 世纪的石油化工发展，现在的油漆大多来自石化工业。

4. 玻璃

　　玻璃是无机盐，主要是石英、砂与一些无机盐等热熔后冷却的结晶，原料来源广泛，价格低，是可回收材料。古代玻璃的加工技术偏手工化，因此比较珍贵，直至平板浮法玻璃问世，玻璃的成本大大降低，成为日常生活中不可或缺的材料。在储藏类家具中，玻璃的柜门让其有了通透性；在倚靠类家具中，玻璃以耐磨的特性替代了木质的桌面，让家具更加耐用。随着现代玻璃热弯和钢化的技术进步，还出现了整体的玻璃家具，强度高，有韧性，同时整体造型连贯。如菲亚母（FIAM）的玻璃扶手椅（图54），是家具产品中让人惊艳的设计。

❺❹ 菲亚母热弯钢化玻璃椅

小贴士

家具的材质

材料学科博大精深，家具特征与分类众多，可运用在家具上的材料也是不胜枚举。学习材料不可能一蹴而就，而是需要在了解材料系统的分类后，通过日常的留心观察，不间断地补充对各种材料性能及应用的了解，在此基础上才有可能寻求突破创新。

课堂思考

1. 对比各大类家具，绘制知觉图（Perceptual Map），探讨创新点。
2. 列举各类材料在家具中的应用，绘制风格图（Style Poster）。

Chapter 2
家具的发展与变迁

一、中国古典家具

上下五千年的中华文明，是与古巴比伦、古埃及、古印度、古希腊并驾齐驱的世界五大文明体系之一，也是唯一延续至今依然系统完整并生生不息的文明。这与中国文化包容、进步和拥有巨大凝聚力密切相关。中国家具的历史源远流长，研究不外乎对遗物的考古和对书籍及绘画艺术的考证。最早的家具可以追溯到新石器时代，考古发现史前至春秋时期已有木制长方平盘、案俎（zǔ）等，这些可能是中国最早的木质家具。根据《诗经》《礼记》《左传》的描述，床、几、扆和箱等家具在当时都已出现在人们的日常生活中了。最早能够直观看到的家具风貌要数敦煌壁画中的大量唐代家具，以及随后历经朝代更迭、流传至今的一批明清家具实物。

1. 唐代家具

唐代国力强盛，与境外交流频繁，胡式的起居方式直接影响坐具的发展，一改中华民族千年席地而坐的习惯，多种高足家具开始出现。从敦煌壁画中可以看出，唐代家具品类丰富、造型圆厚，纯朴大方，装饰多样化。

⑤⑤ 五代，无束腰木榻，江苏扬州寻阳公主墓出土
⑤⑥ 五代，木几铁钉细节
⑤⑦ 五代，王齐翰《勘书图》
⑤⑧ 宋，木靠背椅，江苏江阴宋孙四娘子墓
⑤⑨ 宋，木靠背椅，江苏武进南宋墓
⑥⓪ 《韩熙载夜宴图》局部
⑥① 《女孝经图》

2. 五代家具

五代家具虽说是延续唐风，但在结构上有明显的发展（图55）。从江苏蔡庄五代墓中发现的扁腿木榻与六足木几等家具可以看出，当时的实木家具加工工艺已现实木框架结构的端倪，托档与大边以暗半肩榫相接，透榫、楔钉榫等榫卯形式成形，部分连接还靠铁钉固定（图56）。胡文彦在《中国家具鉴定与欣赏》一书中评论"五代十国时，家具风格一改胡辙，变唐家具之厚重为轻简，更唐家具浑圆为秀直"，为宋代家具的风格奠定了基础（图57）。

3. 宋代家具

宋代国力在军事和政治上表现孱弱，但在文学、艺术和学术思想领域硕果累累，《木经》和《营造法式》相继出现，标志着木作工艺开始有制可循。宋代木质家具虽有一些实物，如江苏江阴宋孙四娘子墓出土的木靠背椅（图58）、江苏武进南宋墓出土的木靠背椅（图59）和木桌，还有辽金木桌等，但是比较完整的还要从大量的绘画作品中寻找，如《韩熙载夜宴图》（图60）、《清明上河图》、《女孝经图》（图61）等等。宋代家具已有明式家具的风骨，却更为古淡，结构极为精练，装饰亦极为质朴。家具物件承载了文人学者的以"简淡"为美的审美和"格物致知"的理性思考。

029
Chapter 1 家具的概念
Chapter 2 家具的发展与变迁
Chapter 3 环境·家具·人体
Chapter 4 家具设计
Chapter 5 家具制作
Chapter 6 建筑·街具·定制
Chapter 7 家具设计的教学案例
Chapter 8 家具设计的作品赏析

4. 元代家具

元代蒙古统一中原，主体上积极吸收中原文化，家具也融合自己的生活方式和西亚文化，如可折叠、便于游牧使用的交椅在这个时期盛行。这一时期的家具在宋式的基础上，更有豪放不羁、雄浑庄重的北方特点，家具中出现动物腿脚、尾巴等曲线造型，家具显得丰满起伏，与西方巴洛克、洛可可时期的家具风格近似，但时间早了三个世纪（图62、图63）。

5. 明代家具

明代家具经过宋元两代的积淀，在结构、榫卯和装饰上都达到了巅峰，可谓世界家具中的精品。明代家具现存实物较多，特别是王世襄对明式家具的研究，将家具的背景、分类和特点梳理得十分清晰。他提出明式家具"十六品"：简练、淳朴、厚拙、凝重、雄伟、圆浑、沉穆、秾华、文绮、妍秀、劲挺、柔婉、空灵、玲珑、典雅、清新，是对明式家具风格的最好概括，也将明式家具提升为一种艺术来加以欣赏和品评。

明式家具对后世家具设计启发最大的莫过于三点。

合理的结构。以下大上小的梯形取代四边垂直的矩形体块，避免了平行四边形结构不稳定的问题，同时解决了视觉上因近大远小的透视，造成桌椅上大下小的狭促感，应用在坐具、倚具、储藏类家具中，使得结构稳定牢固，外观匀称（图64—66）。

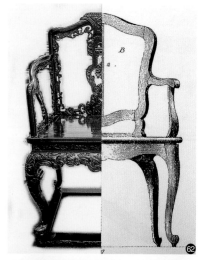

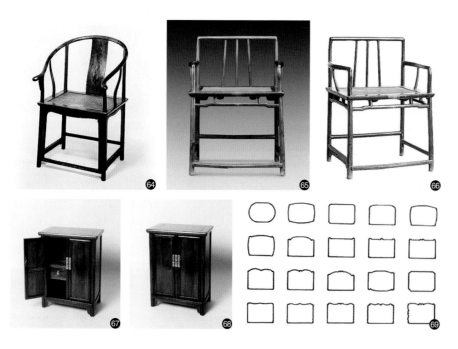

❻❷ 元代与巴洛克风格家具对比
❻❸ 元，杉木彩绘三弯腿榻
❻❹ 明，素圈椅
❻❺ 明，黄花梨三棂矮靠背南官帽椅
❻❻ 明，三棂矮靠背南官帽椅
❻❼ 明式大小头圆脚柜开门
❻❽ 明式大小头圆脚柜
❻❾ 明式家具边抹线脚

❼⓿ 苏作圈椅
❼❶ 瓦格纳设计的Y形椅

丰富的榫卯。榫卯出现很早,为了扩大连接件的接触面积,更好更美观的组装部件应运而生,这不仅出现在中国古代,古埃及的家具中也有。而明式家具的榫卯之所以精彩,是因为式样丰富、巧妙而且完整,家具所有部件都通过榫卯的方式连接在一起。榫卯加工不拘于单向的维度,而是在三维立体体块中变化。虽然所有的榫卯最终还是需要胶质黏结,但结构的紧固已经由榫卯完成,胶只起到填充和缓冲的作用(图67、图68)。

线脚的收边。明式家具的雕花文绮、玲珑,代表当时的时代背景和文化,但要在今天的生活中生搬硬套,不免过于迂腐。然而明式家具收边线条的细节处理方法却很值得当代家具设计借鉴学习(图69)。明式家具整体造型简练,寥寥数笔即可勾勒成形,但细看每一块部件:边抹、枨子、足腿都在截面造型上做足了文章,这才使得家具在微妙之处或显圆浑,或显劲挺,或显柔婉……讲求部件之间线脚的连贯,也叫"交圈",营造出整体感。

6. 清代家具

清代家具既得明式传承,底蕴深厚。前清部分家具的大致外貌形式还以明式为主,局部初现清式意趣。但从雍、乾开始,经济繁荣,统治者的奢靡之风日益增长,繁缛的雕刻装饰取代了精妙典雅的结构,这在审美上见仁见智,但设计思想却背离了"物有则,则有悟,道在其中"的中国造物哲学。

7. 明清家具的地域风格

明清家具在全国各地都有生产,但质量较高的家具还是出于苏州、扬州、徽州、广东和北京几地,并有苏作、京作、晋作和广作之分,不仅地域不同,也有年代差别造成的风格区别,被形容为"文苏""奢京""豪广"。

苏作:苏作家具形成最早,代表了明式家具的经典,因在江南一带常有文人参与设计,家具中充满文人气息。家具用材精妙,造型优美简练,线条流畅,比例适度,纹样雕刻清新自然,家具格调极具艺术价值。据考证,北京地区保留下来的经典明式家具皆为苏作,还有大量出口外销的。苏作家具多见黄花梨、榉木等,以檀木配嵌(图70)。

京作:京作家具代表了清式家具的经典,体现皇亲贵胄对家具的审美需求。宫廷作坊、御用监、造办处不计工本的精雕细琢,使得京作家具雍容贵气、庄严奢华。除了厚重的用料外,龙凤兽螭等皇室图案的雕刻装饰体现了京作家具浓郁的宫廷贵族文化,彰显皇族气息。京作家具取材以黑檀、紫檀等质地坚硬的木材为主,还有将黄花梨染成深色制作家具,配以剔红、髹漆等装饰手法。

广作:广作是以广州为中心,在清中期发展起来的家具制作派别。广州开放通商后聚集了大量从东南亚进口的优质硬木,商人和西方传教士也带来了多元文

031

Chapter 1 家具的概念

Chapter 2 家具的发展与变迁

Chapter 3 环境·家具·人体

Chapter 4 家具设计

Chapter 5 家具制作

Chapter 6 建筑·街具·定制

Chapter 7 家具设计的教学案例

Chapter 8 家具设计的作品赏析

化。在这样的影响下，广作家具在传统中式家具中结合了西洋、南洋元素，因其多变华丽的式样而受到青睐。广作家具木材多为东南亚红木、花梨、铁力木等，用材厚实，较少用几种木材的镶拼。

明清家具是中国古典家具的精华，也备受世界瞩目。丹麦设计师汉斯·瓦格纳（Hans J. Wegner）仅凭一张老照片，就被中式圈椅吸引，并以此为灵感设计了明椅，其后发展到著名的 Y 形椅（图71），这成为中西文化交流的一段佳话。

8. 民国家具

民国时期，社会动荡不安，人民生活与生产停滞不前，家具行业发展缓慢，许多优秀的家具及工艺传统都被破坏。只有在 19 世纪初，上海及周边一些城市出现了短暂的海派家具潮流，其中与西方装饰艺术风格结合孕育的摩登年代家具最为精彩。

9. 新中国成立后的家具

在新中国成立后的一段时间内，家具发展一度停滞不前，直至20世纪80年代改革开放初期出现了一批由我国自行设计生产，功能相对完整、用料实在、结构牢固并具有一定形式感的家具，主要包括实木九件套的民用家具和钢木结构的学校家具。从家具风格中不难看出，新中国成立后的中国家具深受东欧、北欧现代家具和包豪斯工业化生产的影响，是中国近代家具中不可忽略的部分（图72）。

🔍 小贴士

中国古典家具

中国古典家具发展历史悠长，其中明清家具被公认为世界家具海洋中璀璨的明珠。然而在学习家具的过程中必须明确一点，所有经典家具，都基于传统家具的不断研究改良。最好的例子就是明式家具，其之所以成为经典，是因为家具的结构非常简洁，这不是一个人或是一个时期的创新，而是经过宋代、元代的文人、匠人甚至商人的共同作用而落地成形的。

72 钢木材料的学校家具

72

033

Chapter 1 家具的概念　Chapter 2 家具的发展与变迁　Chapter 3 环境·家具·人体　Chapter 4 家具设计　Chapter 5 家具制作　Chapter 6 建筑·街具·定制　Chapter 7 家具设计的教学案例　Chapter 8 家具设计的作品赏析

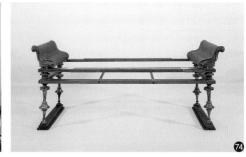

73 古埃及赫特芬雷斯王后的扶手椅

74 古罗马卧榻

75 古罗马青铜花架

76 古希腊艺术品中的马刀椅

二、西方古典家具

1. 古埃及家具

　　西方家具的起源可以追溯到古埃及。埃及独特的干燥气候和埃及人的信仰使得家具在封闭、不透气、不透水的墓室里保存了千年之久。古埃及家具最早是在第四王朝金字塔内的法老遗物里被发现，这批家具不仅风格独特，而且功能结构已近似现代家具。第四王朝赫特芬雷斯（Hetepheres）王后的扶手椅（Hetepheres Chair）是现存最早的木质扶手椅（图73），黄金覆盖的表面使椅子整体得以保存，结构与装饰各个部分通过榫和榫眼连接，并以木钉加固，由此可以看出埃及的细木工水平非常高。从大量遗留下来的壁画、工艺品中也不难看出古埃及家具种类繁多、做工精细讲究。

2. 古希腊、古罗马家具

　　古希腊、古罗马建筑遗产丰富，家具却所剩无几，我们只能从建筑碑牌、墓室浮雕以及出土陶器的绘画中窥见一斑（图74、图75）。古希腊家具是古埃及家具的延续，较大的不同是造型变得抽象，有些座椅出现了旋木的椅腿，这标志着车床加工的问世。两件典型家具——可折叠的凳子和马刀靠背椅（Klismos）（图76），造型流畅、比例匀称，被认为是古希腊家具的代表。马刀椅还影响到欧洲折中主义风格的家具。

3. 中世纪家具

一度辉煌的罗马帝国在公元395年分为东、西两个罗马帝国。西罗马不久被日耳曼人攻克，由此揭开了欧洲中世纪的序幕；东罗马在拜占庭建国，因其首都君士坦丁堡位于贸易路线的中央地带，国家日益强大。中世纪的欧洲重神权，压制人性，艺术与建筑都以颂扬上帝为主旨，家具与建筑基本合为一体，如教堂中的石椅或贵族首领用的仪式性家具等。能称为私人家具的主要是一些可以移动的箱子，这也是法语家具（Meuble）一词源于拉丁语"可移动"（Mobilia）的由来。拜占庭文化则兼收亚非欧文化众长，聚集了一批来自不同文化背景的能工巧匠。据说一位国王曾令人制作了一张机械的御座，侧面有青铜和金箔做的雄狮雕塑，可根据国王的心意做移动吼叫状。可惜在经历了几次十字军东征的洗劫后，精美的物品早已不复存在，只能在建筑的镶嵌画和传说中推测那时的家具风貌了。

4. 文艺复兴时期家具

文艺复兴（Renaissance）是欧洲历史迈出黑暗、走向辉煌的转折点。文艺复兴的中心在威尼斯，并从意大利内陆、法国发展至全欧洲。由航海带动贸易发展，威尼斯商人前所未有地富有和强大起来，他们开始注重自己的生活质量和生活艺术，与部分贵族并肩挑战神权。这种人性的复兴也带动了对古希腊、古罗马文学艺术和思想的重新认识，在建筑、艺术和音乐中的变化尤为明显。文艺复兴时期的家具首先表现为装饰从宗教题材变为自然题材，古典元素、卷叶草、花卉、蔬果、古希腊众神与具有代表性的螺旋造型饱满地融合在家具中；其次是由于人们社交活动的增多，桌椅碗柜等家具变得更为独立，以适应不同的社交功能（图77—79）。这一时期家具留存较多，其中也有不少是后世的模仿，但还原得非常谨慎。家具中有独创性的是扶手椅，出于对当时服装中裙摆的考虑，扶手椅座面后小前大成梯形，让女性在久坐时也能感到舒适并保持优雅和美丽（图80）。

5. 巴洛克时期家具

巴洛克（Baroco）风格是欧洲艺术史上最辉煌耀眼的风格，至今，普罗大众还是将以巴洛克为代表的艺术风格等同于欧式风格（图81—83）。以法国为中心，特别是路易十四大修凡尔赛宫后，巴洛克风格的建筑和家具因其精美奢华的特点，在欧洲盛极一时。巴洛克风格的家具保持着文艺复兴以来一贯的精雕细琢，但是更加金碧辉煌，在图案上注重对路易十四太阳王的歌颂，从而出现大量太阳和太阳光芒散射的图案，与传统的卷叶草纹样交错，营造出辉煌夺

⑦ 意大利文艺复兴实木拼花桌
⑱ 文艺复兴餐边柜
⑲ 文艺复兴卧室
⑳ 文艺复兴高背软垫扶手椅

035

Chapter 1 家具的概念
Chapter 2 家具的发展与变迁
Chapter 3 环境·家具·人体 家具设计
Chapter 4 家具制作
Chapter 5 建筑·街具·定制
Chapter 6 家具设计的教学案例
Chapter 7 家具设计的作品赏析
Chapter 8

⑧ 巴洛克光芒藻叶装饰细节
⑧ 巴洛克风格空间
⑧ 巴洛克客厅
⑧ 巴洛克镜前桌
⑧ 巴洛克边柜
⑧ 巴洛克前期软包扶手椅

目，充满阳刚之气的装饰效果（图84、图85）。巴洛克时期最有影响力的工匠是安德鲁·查尔斯·布勒（Andre Charles Boulle），他以精致的黄铜锻塑和玳瑁的镶嵌工艺树立了法国巴洛克的标识，巴黎著名的传统手工艺学校就是以他命名（Ecole National de Boulle）的。他的代表作大橱柜是路易十四送给查尔斯二世的礼物，他的镀铜五斗柜也是巴洛克时期的经典之作。巴洛克时期的座椅较文艺复兴时期也有了巨大的改变，坐高降低迎合了社交环境中更为随意的气氛，更多软包的坐垫和椅背增加了坐具的舒服度，S形的椅腿富于变化，但由于加工技术的不足，椅腿下方还以X撑或H撑加以巩固（图86）。

6. 洛可可时期家具

在洛可可（Rococo）风格大肆盛行欧洲大陆之前（图87），其发源地法国出现了短暂却不可忽视的摄政王（Regence）风格（图88），这种风格的主要特点是小巧而亲切，成因是女性在宫廷社交中占据愈来愈重要的地位。家具突出流畅的线条和精美的铜饰，尺度和部件变得精巧、细致，家具适合移动，便于改变空间使用功能，这也意味着加工技术的进步。受此风格影响，大多数的家具都非常迷人，最为出众的要数一种秘书桌的形式（图89）。这个桌子有一个可以活动的面板，不用时可以关着，整洁美观；要办公的时候翻下来做桌面，体现出设计的智慧。

路易十五上任后政权稳定，国库充盈，奢靡之风推动了洛可可风格的形成和发展。洛可可的装饰风格更为精细柔软，以贝壳、珊瑚、波纹为主的图案愈趋女性化；细长的 S 形腿在落地处有个骤缩的收口，好像芭蕾舞者的脚尖一般，使家具轻盈地落在地上；家具及贴面材料以木材镶拼、彩绘为主，配色多为粉色系。家具中公爵夫人椅和侯爵夫人椅较有创新性，以法国宫廷中女性活动时半倚半靠的动作特点为功能需求出发点而设计制作。欧洲家具中具有代表性的球面柜（Commode Galbée）也成形于这个时期（图 90），侧板的球面或椭曲面造型与腿部 S 形线条一气呵成，从不同的角度看，家具都像是变幻的风景，可以算是欧洲家具的经典之作。家具四条腿的下方已无须横撑，表明加工水平的精进。

整个欧洲都以巴黎为时尚引领者，洛可可风格在奥地利、俄国发展繁荣，也影响到意大利和英国（图 91）。特别值得一提的是，它在英国演变为安妮女王风格，家具中被拉长的 S 形线被誉为线条美人，造型趋向线条美而非装饰美，较欧洲大陆的洛可可风格显得更为俭朴又不失韵味。英国著名工匠托马斯·齐鹏戴尔（Thomas Chippendale）将中国风引入英式洛可可风格家具，从他设计制作的家具中可以看到中式的花窗图案和彩绘人物，充满异域情调，深受中产阶级的追捧。这个时期的家具也开始传播到美国，其中包括具有英国乡村风格的温莎椅（Windsor Chair）。

⑧⑦ 洛可可伯爵夫人椅
⑧⑧ 摄政王风格实木藤面靠背椅
⑧⑨ 洛可可秘书桌
⑨⓪ 洛可可球面黑漆中国图案边柜
⑨① 洛可可起居室

92 新古典主义缎面软包扶手椅
93 新古典主义软包扶手椅
94 新古典主义餐边柜
95 新古典主义坐具
96 折中主义仿希腊马刀椅

7. 新古典主义时期家具

新古典主义（Neo-Classic）风格形成于法国路易十六时期，当时宫廷过度奢靡，国库空虚，人们开始向往古希腊时期简单而优雅的生活。建筑与家具又开始采用古希腊与古罗马的柱式、三段式的比例关系，造型变得清新朴素，家具的腿部也从 S 形变成了倒圆锥或倒锥形，装饰从立体雕刻变为平面拼花、瓷板饰面等，椭圆形、盾形和方形的椅背相继出现（图 92—95）。

8. 折中主义时期家具

随着路易十六王权的垮台，法国进入了大革命时期，欧洲其他国家也相继发生巨大的变革，19 世纪也因此成为欧洲和美国经济社会迅速发展的时期。这段时间的工艺美术风格可以统称为折中主义（Eclectic），是在不同风格中探索、徘徊、妥协的融合（图 96）。其中就包括拿破仑执政时的帝政式风格，即因拿破仑远征受埃及、希腊文化影响，家具中重现古希腊、罗马风格的狮子、鸟翼、天鹅和罗马头盔等图案。最有新意的是一张拿破仑的行军桌，立在圆形基座上的桌子可以展开成为桌椅和写字板，便于行军中的运输，造型简洁优雅，具有时代特征（图 97）。该风格还包括复辟时期打着君权神授旗号的家具，以及风格建立在哥特式基础上的家具。沙龙文化的盛行也带来一批有意思的沙发，如"界石"沙发通常位于大厅中央，背靠背的一圈沙发，面向四面八方，供多人使用；"对话"沙发平面成 S 形，供两人使用，中间虽有矮靠背隔开，但不影响说话，可以消除社交场所陌生人的隔阂感；"秘密"沙发供三人使用，虽然都坐在一起，但是面向不同方向，既可以聊天也可以互不搭理（图 98）。

96

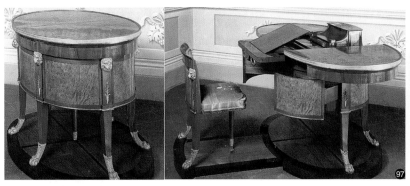

三、现代家具

欧美的现代家具可以细分为两个时期：现代和当代。现代家具指工业革命以来，以工业化大生产取代传统手工作坊生产的家具，先后产生了以下几种显著的风格：工艺美术风格、新艺术风格、装饰艺术风格、现代（以包豪斯为主）风格、波普风格和后现代风格。这些风格大多以某地区出现的先进生产力为依托，发展成为设计和产品的风格，再辐射到欧洲，影响到美国和亚洲。当代通常指20世纪中期直至现在，这段时期家具产品风格迥异，品牌百花齐放，人们的生活方式日益全球化，现代加工手段的进步使得家具生产地域限制减小，特别是随着电子商务和现代物流的发展，家具的市场细分愈来愈明显。

1. 工艺美术风格

工艺美术（Art and Crafts）风格发源于英国，以威廉·莫里斯（William Morris）为首，集合了一大批艺术家和工匠，共同倡导批量化机械生产的产品应更多考虑美观性，"以一种彻底的艺术化和低成本的方法"让工业产品更好地服务于大众。典型家具之一就是经久不衰的温莎椅，椅子的旋木部件基本都用车床加工，效率高，品质容易保证。车床加工的部件可以用不同的曲线卡板做变化丰富的圆柱造型，这种椅子在当时版本繁多，普及面广，被人以英国皇室温莎命名（图99、图100）。

2. 新艺术风格

新艺术（Art Nouveau）风格植根于法国巴黎、比利时和西班牙巴塞罗那，此风格以植物和生物中提取的抽象流畅线条作为设计语言。法国设计师赫克托·吉耀姆（Hector Guimard）的贝郎格公寓（CASTEL BERANGE）和西班牙设计师安东尼奥·高迪（Antonio Gaudi）的米拉公寓（CASA MILA），从建筑到家具，都是新艺术风格的代表之作（图101、图102）。美

97 折中主义帝政式风格行军桌
98 折中主义"秘密"沙发
99 温莎椅
100 莫里斯设计的温莎椅款式

101 新艺术梳妆柜

102 吉耀姆设计的新艺术家具雕刻细节

103 索耐特椅包装

104 索耐特摇椅

105 忽勒曼设计的梳妆柜

106 忽勒曼设计的珍宝柜

107 忽勒曼设计的船型沙发榻

039

Chapter 1 家具的概念　Chapter 2 家具的发展与变迁　Chapter 3 环境·家具·人体　Chapter 4 家具设计　Chapter 5 家具制作　Chapter 6 建筑·街具·定制　Chapter 7 家具设计的教学案例　Chapter 8 家具设计的作品赏析

国蒂凡尼（TIFFANY）的彩色玻璃灯和维也纳索耐特家具公司的弯木椅系列也受到此风格影响，用蒸汽热弯的工业化方式生产家具（图103、图104）。

3. 装饰艺术风格

装饰艺术（Art Deco）风格源自法国巴黎，漂洋过海传到美国纽约，并在中国的上海和印度的孟买迅速生长起来。此风格以几何造型构成装饰性的图案，图案骨骼为网状或散射状，向上逐层收分（即向上逐渐缩小）。在当时的历史背景下，随着资本向外扩张，此风格得以广泛传播。同时此风格造型原理简单，不同国家和文化背景的工匠或设计师都便于掌握，使得装饰艺术风格真正在各地生根开花。海派摩登年代家具就属于装饰艺术风格。法国家具大师艾米力·杰克·忽勒曼（Émile Jacques Ruhlmann）的作品以简洁的造型、修长的弧线、优雅的材料，成为装饰艺术风格家具的最高成果（图105—107）。

108 巴塞罗那椅

109 卫斯理钢管椅

110 古弗兰发泡海绵家具系列

111 潘通椅

112 心椅

4. 现代风格

　　现代（Modern）风格普及面之广，可以说带动了整个世界设计的进步。以包豪斯为中心，一大批具有先进生产力的企业、设计师和知识分子结合在一起，让设计更好地服务于产品，产品更好地服务于大众，探索新工艺和新产品的设计方法。包豪斯设计中重要的方法是对市场进行调查研究，总结归纳大众的要求，为满足大部分使用者而设计产品；推出以三大构成为基础的产品造型设计方法，该方法受到装饰艺术风格影响，将造型设计归纳成规律性的排列组合，并利用局部突变点出产品的亮点。设计师无论有没有美术功底，都可以利用方法和思考做出好设计。现代风格在生产中提倡加工分化，精益求精，统一组装，提高效率。家具产品功能日趋完善，材料更为合理，价格更容易被大众接受。路德维希·密斯·凡德·罗（Ludwig Mies van der Rohe）设计的巴塞罗那椅（Barcelona Chair）（图108）和马赛·布耶（Marcel Breuer）的卫斯理钢管椅 （Wassily Chair）（图109）就是非常优秀的产品，造型关系理性，舒服的坐感来源于合理的人机工程尺度与综合材料，精良的加工工艺也不容忽视。

5. 波普风格

　　波普（POP）风格来源于英语"POP"，代表了美国大众文化及其背后的一系列商业、艺术行为，形式上有很强的符号性。在生产技术上，随着塑料模具注塑、吹塑、压模成形等加工方式的普及，产品产量有了质的飞跃，价格更低，很多产品也趋向于快速消费品。由于注塑工艺的脱模要求，产品多呈现出圆润的造型。这种风格的代表家具有古弗兰（GUFRAM）的海绵（发泡PU）家具（图

041

Chapter 1 家具的概念　Chapter 2 家具的发展与变迁　Chapter 3 环境·家具·人体　Chapter 4 家具设计　Chapter 5 家具制作　Chapter 6 建筑·街具·定制　Chapter 7 家具设计的教学案例　Chapter 8 家具设计的作品赏析

110），维特拉（VITRA）公司的潘通椅（Pantone Chair）（图111）和心椅（Heart Cone Chair）（图112）等。

6. 后现代风格

后现代（Post Modern）风格是对现代产品中情感缺失的一种反思，提倡在产品设计中加入传统文化元素，让产品变得丰满，以情感上的共鸣带给人温暖感。罗伯特·文丘里（Robert Venturi）的齐鹏戴尔椅（Chippendale Chair）（图113）在弯曲胶合板的靠背椅中结合了英国安妮女王风格时期的齐鹏戴尔椅的靠背符号，菲利浦·斯达克（Phillippe Starrck）在"路易魂"（Louis Ghost）系列家具中用透明 PC 材料重现路易十六时期的新古典主义的造型和线条，这些都属于后现代风格的经典产品（图114）。

7. 当代家具

当代家具的重要特点是单体产品设计，无论是功能还是造型都越来越个性化，而总体风格呈现出全球化的趋势。

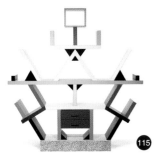

• 意大利家具

意大利家具行业历史最悠久，发展最完善，在全世界影响力最大。意大利家具企业众多，不仅有知名品牌、明星设计师和设计公司，还有大量的设计、技术学校和商校，为家具行业源源不断地输出后备力量。每年一次的米兰家具周是家具行业的风向标，众品牌争相推新，新锐设计争奇斗艳，一周之内米兰全城只谈设计，聚集了无数的家具行业从业人员和从世界各地赶来朝圣的观众。在意大利，家具行业是与高端汽车、时尚奢侈品并列的支柱产业，其成因和背景有以下几个方面。

一是意大利的精良工艺。意大利受古希腊、古罗马影响较深，从艺术到装饰品，都有着极高的审美，也使得大批工匠对制作技艺精益求精，从其古典建筑、雕塑中就可以窥见一斑。

二是意大利成熟的商业氛围。从文艺复兴开始，意大利人就开始拓展海外商贸，百年的经验用于家具产品的经营，成就了众多的世界著名品牌。

三是意大利人讲求生活品质。这一点从意大利的奢侈品牌数量就可以看出，以此要求引领家具设计，自然更胜一筹。

意大利当代家具风格多样，有B&B、MINOTTI、CASSINA、NATUZZI等主流品牌，也有像CAPPELLINI、SELETTI等充满艺术风趣的主题品牌，还有像KARTELL、FIAM、GUFRAM等以特定材料为主线，服务于都市生活的品牌；更不能忽略FENDI、ARMANI、MISSONI、DIESEL等一些以时装

⑬ 文丘里设计的齐鹏戴尔椅
⑭ "路易魂"扶手椅
⑮ 索塔萨斯设计的装饰柜
⑯ 马里设计的原木椅

为主体发展到家具产品领域的时尚家具品牌。意大利当代家具都具有相当强的艺术性，甚至还有戏剧性与形式感，这自然来源于意大利的传统文化，更与意大利现代工业设计思潮相关。战后的意大利虽然百废待兴，但人们面对战前独裁者墨索里尼（Mussolini）指挥的大量建筑设计和数不清的古典文物开始反思：什么才是当代产品的本质？如果开发新产品，人们需要什么？于是出现了安拖拉·索塔萨斯（Ettore Sottsass）这样的设计师，他以戏剧化的形式设计家具，让家具成为独立而具有个性的艺术品（图115）；有普斯特椅（Proust Chair）的设计者亚历山德罗·门迪尼（Alessandro Mendini），用新的表面色彩和肌理表现意式洛可可风格，让经典设计服务于现代人的起居；当然还有恩佐·马里（Enzo Mari）这样的设计者，将可持续作为主旨，为家具设计探索新的方向（图116）。这些设计师都在潜移默化地影响着意大利的家具风格。

• 北欧家具

北欧地区的家具特征明显，由于受封建君权影响较弱，又受自然条件之限，生活物资并不富足，古典家具受西欧国家奢靡风格影响非常小。从建筑上来看，同样的古典宫廷，在法国、意大利和奥地利，都是如同裱了花的婚礼蛋糕般的巴洛克、洛可可建筑，而到了丹麦和瑞典就变成"压花饼干"了。工业革命带动北欧的经济发展，国家开始富强，人民民主平等。没有王室风格羁绊的北欧现代设计将重点放在人性化上，精到的人机尺度、谨慎的选材和工艺成为北欧设计的两条主线。丹麦家具柔润的体块、芬兰家具干练的曲面或瑞典家具自然有机的质感，都传达了一个概念，就是以人为本，以人体为本，尊重自然材料和环境的精神。

丹麦：在北欧家具中，丹麦设计的形式感最强，设计师们善用多变的造型，大胆创新，打造舒适的家具。芬·居尔（Finn Juhl）、汉斯·瓦格纳（Hans J. Wegner）等设计师的家具都以丰满曲线闻名于世（图117）。总统椅（The Chair）可谓是丹麦进军世界高端家具领域的代表产品。柔和的背部曲面、精湛的真皮软包工艺、内敛的中性风格，使其稳坐联合国会议厅，成为众多总统的座椅（图118）。瓦格纳受中国明椅启发设计的Y形椅以及牛角椅等都是经典之作，其优美的造型与精湛的木工可与中国明式家具媲美。近年来又相继出现北欧风情（BO CONCEPT）和HAY这样的年轻具有活力的品牌，丰富了丹麦家具的层次。

芬兰：芬兰家具行业出现了阿尔瓦·阿尔托、埃罗·沙里宁（Eero Saar）和约里奥·库卡波罗（Yrjo Kukkapuro）这样的大师。阿尔瓦·阿尔托开创了弯曲胶合板家具的先河，让原本不容易在细木工中使用的白木有了用武之地，不仅让家具的性能上升百倍，而且创造出了独特的曲面语言，温和而又干练。阿尔瓦·阿尔托设计的帕米奥椅（Paimio Chair）就是代表之一，但登峰造极的是39号悬挑躺椅（Chaise longue No.39）（图119），用胶合板

🔴117 居尔设计的酋长椅扶手细节
🔴118 肯尼迪坐在联合国大楼内的总统椅上

043

Chapter 1 家具的概念

Chapter 2 家具的发展与变迁

Chapter 3 环境·家具·人体

Chapter 4 家具设计

Chapter 5 家具制作

Chapter 6 建筑·街具·定制

Chapter 7 家具设计的教学案例

Chapter 8 家具设计的作品赏析

119 阿尔托设计的 39 号悬挑躺椅

120 卡路塞利摇椅

121 阿旺特"V100"系列办公家具

122 SBS 的海格骑马办公椅

的腿取代了现代家具中通常用钢管才能实现的悬挑椅腿结构，弹性十足，是家具史中材料创新的另一个里程碑。库卡波罗立足于对人机尺度的研究，收集数据自制家具，他设计的卡路赛利（Karuselli）摇椅被誉为设计史上最舒适的椅子之一（图120），但他的创新不止于此，他设计的"视觉100"（V100）系列是欧洲出现较早的模块化组装办公家具（图121）；安泰逸（Ateljee）办公沙发解决了沙发的平板运输问题，这些家具至今还由阿旺特（AVARTE）生产，经久不衰。芬兰不仅有阿尔泰克（ARTEK）等老牌家具制造商，还有萨利（SALLI）等设计式样大胆创新的品牌。

瑞典：瑞典的宜家（IKEA）家具已世界闻名，简洁的造型、丰富的款式、全面的功能和低廉的价格使之风靡全球。宜家家具的成功，代表的是家具领域一种商业模式创新的成功，也成为瑞典文化输出的一个窗口。目前，宜家正在把产业推向更广阔的新生活方式体验领域。

挪威：挪威在北欧家具设计中并不起眼，但它对使用者细致而深刻的研究，使得挪威家具独具匠心。思拖卡（STOKKE）出品的儿童成长椅是一款可以随着孩子成长而改变高度的椅子，使用方法一目了然，延长了产品的使用寿命，避免了不必要的浪费。SBS 的办公家具以办公健康和幸福感为主旨，用家具服务提高幸福指数，也体现了挪威家具注重服务、关怀人性的特点（图 122）。

• 法国家具

法国家具总的特点是精致优雅，适合都市公寓的家具小巧灵活，设计感强，细节丰富；在户外使用的度假式家具形式单纯，颜色以白色或本色为主。法国不仅保留了一大批专事古典家具制作的公司，还有洛奇宝（ROCHE BOBOIS）、

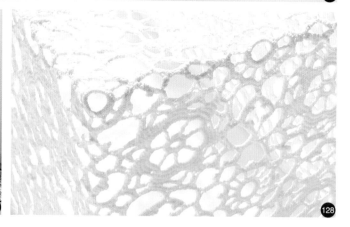

123 布鲁莱克兄弟为维特拉设计的软质屏风

124 布鲁莱克兄弟为维特拉设计的植物椅

125 瑞米设计的抽屉柜

126 玻璃珠长凳

127 穆宜蕾丝家具

128 穆宜蕾丝家具细节

045

Chapter 1 家具的概念　Chapter 2 家具的发展与变迁　Chapter 3 环境·家具·人体　Chapter 4 家具设计　Chapter 5 家具制作　Chapter 6 建筑·街具·定制　Chapter 7 家具设计的教学案例　Chapter 8 家具设计的作品赏析

写意空间（LIGNE ROSET）这样典型的法国当代家具品牌，以及著名设计师菲利浦·斯达克（Phillippe Starrck）这样的常青树，还有布鲁莱克兄弟（Ronan & Erwan Bouroullec）这样炙手可热的设计明星（图123、图124）。

- 荷兰家具

荷兰虽然国家不大，但是在当代家具界地位显赫，这是缘于德鲁戈（DROOG）的设计工作室。在20世纪末期，他们提出反思现代设计，并通过一系列装置性的概念家具来实验人与家具的交互体验，在家具设计领域中最早提出用户交互体验（UI & UX）的概念。特乔·瑞米（Tejo Remy）用回收来的抽屉捆在一起做柜子，展现出旧物能给人带来的温暖感，成为家具中的限量艺术品（图125）。玻璃珠长凳（Greek Green Greet）的座位上，玻璃珠带动坐垫移动（轴承原理），通过人坐距的变化创造可能的社交关系的变化（图126）。公园长椅（Extrusion Garden Bench）提示了家具的使用寿命应与所处情境相匹配。当然还有马塞勒·王德（Marcel Wander）设计的木炭家具、蕾丝边桌，这些家具在材料加工上有所创新，现代手工艺的风格明显，都成为穆宜（MOOOI）家具的明星产品（图127、图128）。

- 美国家具

美式家具是随着欧洲移民一同进入美国的欧式家具，与当地的材料结合生根发芽的产物。由于宽大的生活空间，美国家具宽大厚实，形式上还是偏欧洲古典家具的风格，是一种略微特殊的殖民主义风格。这样的家具风格从托马斯·维勒（THOMAS VILLE）、贝克（BAKER）等品牌中可见一斑。20世纪中期，美国著名设计师查尔斯·伊姆斯（Charles Eames）和芬兰设计师埃罗·沙里宁（Eero Saarinen）合作，把芬兰的胶合板家具技术引入美国，两人合作参加了纽约当代美术馆（MOMA）举办的"有机"设计大赛并得奖，从此展开复合材料和人机工程在家具工业中的应用研究（图129）。

赫曼·米勒（Herman Miller）公司继承了伊姆斯夫妇的设计传统，在办公家具中将人机工学放在首位，最基本的功能表现在办公椅的所有部位都可以调节，以适应不同身材的使用者。21世纪初它又将可持续的环保概念应用在家具生产中，家具材料全部都以环保材料制作及环保方式生产，部分家具还做到了"从摇篮到摇篮"（Cradle to Cradle）的无缝回收。美国的办公家具在世界上的领先地位可与意大利的民用家具相提并论。20世纪中期，美国办公楼兴起，办公家具向系统化、模块化的方向发展，促进了办公家具的兴盛。我们现在办公室的格子间、隔板都是那个时期的产物。著名办公家具品牌有赫曼·米勒（图130）、斯蒂勒·卡斯（Steel Case）、郝沃斯（Harworth）等。

美国家具中还有一种震教（Shaker）风格，可以说是家具风格中的"小清新"。此风格由一批新英格兰的移民带到美国。他们坚守简朴的生活，生活物资

129 伊姆斯设计的有机造型扶手椅

130 赫曼·米勒 SAYL 办公椅

129

130

都力求自给自足。他们通常用实木制作简单无装饰的家具，坚固耐用，有点类似北欧瑞典的家具风格，并一直保持到现在。

- **中国家具**

　　中国当代家具在世界上崭露头角是近十年内的事，中国以不容忽视的加工力量和消费市场早已跃居家具产销的第一大国。近年来，中国设计力量真正崛起，一大批中国原创的家具产品面世，有半木（BAMOO）、上下（SHANG XIA）这样倡导中国经典文化的高端品牌，也有曲美、多少、梵几等倡导中式现代生活方式的主流产品，还有一些如吱音、木智工坊等符合年轻消费群体审美和购买方式的品牌走入寻常百姓的生活，使国内家具市场出现了百花齐放的局面（图131、图132）。

- **东南亚家具**

　　东南亚家具带有热带木料温暖的颜色和地域装饰，风格热情洋溢。随着东南亚旅游产业的兴起发展，东南亚家具向全球的度假行业辐射，成为许多酒店、餐厅和住宅软装青睐的产品（图133）。

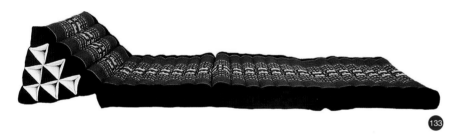

131 多少家具的刘奕彤设计的叠罗汉柜

132 叠罗汉柜细节

133 东南亚风格的三角休闲靠垫

🔍 **课堂思考**

1. 选一个特定时期横向比较不同地域家具的区别，绘制风格图（Style Poster）。
2. 选择一件现当代优秀家具，评述并测绘（Survey）。

🔍 **小贴士**

现代家具

现代家具产业的兴起基于工业设计的发展，具有工业设计的基本属性。但是由于家具的特性，特别是与时尚越来越多的结合，家具成为很多品牌、设计师表达个性或概念的产品。在家具的学习和日后的设计中，设计师应该明确具体产品的设计目标，避免随波逐流。

Chapter 3
环境·家具·人体

一、家具与室内环境的关系

家具是人体和建筑空间之间的过渡层次，人通过家具实现衣食住行等多种生活方式，并最终实现在大地上的栖居。

家具具有空间性，可以被看作是可移动的建筑，它在建筑空间和身体空间之间形成衔接，"搭建人类与建筑之间的活动平台，通过形态与尺度在建筑空间和个人之间形成过渡关系"。[1]

家具具有亲体性，是结构化的衣服。它塑造着人体的姿态，保护人的身体免遭环境不利因素伤害，其中也包括帮助人体骨骼和肌肉对抗重力。

家具也具有审美性，它影响着空间的艺术格调和文化品位，触动着人的感官体验。历经千年沧桑，家具仍然是生活环境中与人关系最紧密的产品，尽管今天我们的生活正在受到屏幕媒介的冲击。

所有具有特定功能指向的室内环境空间，都是通过家具来实现人体的延展和活动的。包括居住空间（图 134）、商场空间、餐饮空间、旅馆空间、展示空间（图 135）、公共交通空间（图 136）、娱乐运动空间、教育空间（图 137）、办公空间（图 138）、观演空间（图 139）、科研空间（图 140）等在内的各种室内环境，都需要配备相应的家具来完成其功能。下文通过居住空间中的卧室和客厅家具、餐饮空间中的家具、办公空间中的家具，以及分布在各种空间中的储纳家具，来具体分析和阐述家具与室内环境的关系。

---

1 任仲泉 . 家具的概念创新策略［J］. 设计艺术，2006（04）：43-44。

134 居住空间

135 展示空间

136 公共交通空间

137 教育空间

138 办公空间

139 观演空间

140 科研空间

049

Chapter 1 家具的概念

Chapter 2 家具的发展与变迁

Chapter 3 环境·家具·人体

Chapter 4 家具设计

Chapter 5 家具制作

Chapter 6 建筑·街具·定制

Chapter 7 家具设计的教学案例

Chapter 8 家具设计的作品赏析

1. 卧室（Bedroom）家具

　　卧室——睡觉的地方——是"家"最重要的组成部分。好的睡眠带给人更充沛的精力和迎接新挑战的动力。卧室通常需要满足人对于私密、安全、宁静的生理与心理要求。现代卧室中的典型家具通常包括床、床头柜、梳妆台、衣橱等，其中支持睡眠功能的最主要家具就是床。

　　西方传统的床是带罩篷的床，上有罩篷，如同华盖，周围是可张拉的柔性帷帐，可以在卧室空间中塑造出另一个封闭的空间，营造更好的私密性（图141）。异曲同工的是东方传统的床，造型就是一个木盒子，空间界定更清晰，内部功能更全面，有时会分成几层，往往包括盥洗、晾挂、梳妆等多种使用功能，形成一个嵌套结构，是卧室中的卧室（图142）。现代的床还有张挂的绳网吊床（图143）、垂直分层的金属或木质双层床，以及多功能的折叠床和供病人、伤员使用的便携式担架床等。这些床除了满足躺、卧的需求以外，还有其特定的使用考虑。吊床不仅便于携带，而且能够和自然融为一体；双层床主要考虑空间集约化使用，会有爬梯设置；折叠床可以折叠成躺椅或者沙发；担架床易搬运。这些床都在睡眠的基础上，发展出与通常卧室床有差异的用途和形态，丰富了床的品类。

　　现代卧室通常使用的是木板镶拼的床、棕绳编织的床或者席梦思床（图144），主要差异在于材质软硬程度不同。这些床水平延展，在地面上增加了一方水平面，既避免身体与地面直接接触，又延续了人体与大地轻柔接触的心理

141 西方传统的床
142 东方传统的有三层空间的床
143 吊床
144 席梦思床
145 杰斐逊的床的位置
146 榻榻米
147 客厅
148 客厅
149 客厅
150 中式沙发
151 美式沙发
152 日式沙发

体验。人因为需要从一边爬上高出地面的床面，所以床也成为空间中的一个凸出物体，进而对室内空间进行了划分和限定。比如美国独立领导人托马斯·杰斐逊（Thomas Jefferson）把床放置在他卧室和书房之间的凹室里，使这个空间成为卧室和书房的连接（图 145）。另外，中国陕北地区仍有传统民居用带烘烤功能的土炕，日韩地区还有一些传统民居保持榻榻米席地而眠的习俗（图 146）。这样床榻空间就完全与卧室空间融合，空间更加通透、流动。

2. 客厅（Living-room）家具

客厅是待客或者家庭聚会的地方，是家庭中的公共空间（图 147）。客厅中的典型家具包括沙发、座椅或躺椅、茶几或咖啡桌、电视柜等（图 148）。客厅家具通常会表露出家庭主人的美学趣味以及生活追求，可以和室内软装陈设结合在一起，在一定程度上具有展示的意味，有相应的风格化倾向。一般来说，客厅最重要的家具是沙发和茶几，一套组合沙发和茶几、座椅、背景墙（电视墙）、地毯共同限定了一个具有开放特征的交流空间（图 149）。

通常来说，沙发是客厅中造型特征显著的大型坐具，可以容纳多人同时就座。连续的垂直靠背面、水平坐面使得沙发有强烈的空间性——围合形成交流的区域，架起形成休息的场所。沙发的靠背按照高矮不同，其空间限定性有显著差异。一般来说，靠背在 370mm 以下的沙发称之为低背沙发，这样的靠背只能支撑人体腰部及以下部位，便于肩背和头部的自由活动，休闲性比较强，空间围合程度最低；靠背在 540mm 以上的沙发称之为高背沙发，这样的靠背可以支撑腰部、肩部和后脑等三个点位，但是人体的这三个点并不在一条直线上，所以高背沙发的靠背需要结合人体曲线进行更加细致入微的曲面设计，它的空间围合度最高，对人的姿态限定性也最强；在 370—540mm 之间的是普通沙发，也是当下大多数家庭选购的对象。

按照风格来分，市面上的沙发一般可以分成中式、美式、日式、欧式等样式（图150—152）。其中，中式沙发强调不同季节的靠垫更换、软硬交替，美式沙发最休闲舒适，日式沙发最紧凑简洁，而欧式沙发强调造型的优雅流畅、材质

051

Chapter 1 家具的概念

Chapter 2 家具的发展与变迁

Chapter 3 环境·家具·人体

Chapter 4 家具设计

Chapter 5 家具制作

Chapter 6 建筑·街具·定制

Chapter 7 家具设计的教学案例

Chapter 8 家具设计的作品赏析

的天然现代。不同的沙发风格往往会组织起客厅不同的主体空间氛围。

3. 餐饮（Restaurant）家具

餐饮家具是为就餐、聚会等社交活动而设计制造的，就餐用的桌椅强调开放性、坚固性、易清洁和易组合性。除了有些高档西餐厅追求安静和严肃的仪式化氛围而采用高背、限定性强的餐椅以外，大多数餐厅座椅都是低背、弱限定性的，这样便于就餐者的上肢自由活动和视线的无障碍交流（图153）。中餐桌是圆形的，桌面可以旋转，表达了中国传统文化中对团聚、圆满的追求，也照顾到每个人选择餐食的便利性。西餐桌则是长条形的，就座有清晰的序列要求，个性化的餐食选择需要侍者提供服务，这从达·芬奇（Da Vinci）的名画《最后的晚餐》中可以看到。由于就餐时的人数具有不确定性，所以餐桌椅往往需要拖曳、搬运和重新组合，因此餐桌椅常常会设计成单元的状态，便于根据就餐人数进行重组，也强调轻便、坚固和不易损坏（图154）。另外，为了避免餐食油腻造成污染，餐桌椅应当采用易清洁的金属、塑料或者木材质来制作。连续的餐桌椅可以和空中的吊顶、吊灯，桌面上的器皿陈设一起，组合成一个有覆盖、有架起、有照明氛围的完整空间，构建起现代日常餐饮社交空间的仪式性特征（图155）。

大量制造的餐桌椅尺寸规格有相关的工业标准。根据美国设计教授吉姆·波斯泰尔（Jim Postell）提供的数据，餐桌的标准高度是73.6cm，每个人占据的餐桌标准宽度是62cm，而餐椅的椅盘高度是42.2cm。

餐厅里有时候还有吧台、吧椅等家具，它们也是空间组织的重要元素（图156）。餐厅和酒吧的吧台，大堂和前厅的接待台，商场的收银台、问询台（图157），都具有接待、服务、操作的功能。而且由于其位置显著，形态较大，成

153 可滑动半户外的餐饮家具
154 餐厅
155 餐厅
156 吧台吧椅
157 收银台接待台

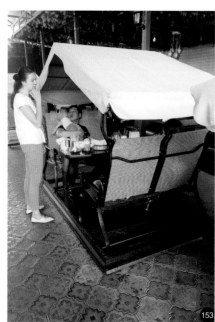

为空间中具有雕塑性和标志性的家具，其造型、色彩、材质、灯光都会成为打动视觉、触动心灵的要素。

4. 办公（Office）家具

办公家具是整个家具产业中占比最大的一个门类。每天工作的大多数人有超过 8 小时消耗在办公桌前，这甚至超过了部分人在床上的时间。因此，办公桌椅也是最强调人体工学的家具产品。另外，现代办公方式的团队性、协作性特征，也在改变过去办公家具封闭、沉闷的样式。而后工业时代网络化移动办公、休闲办公的崛起，也在让办公空间变得更加个性化、生态化和多样化。

办公空间中的典型家具是办公桌、办公椅、矮柜以及分隔空间灵活隔断形成的办公单元（图 158）。书架、档案柜、不同型号的会议桌也是组成办公空间的家具元素。其中可旋转、带升降轴、带滑轮的办公椅极大地拓展了人有限的活动空间，让静止、沉闷的办公状态变得灵活、生动（图 159）。个人计算机的使用也使得办公桌空间变得更加流畅和紧凑。而会议室中的座椅，其设计考虑的要点在于轻便和易于叠放。值得回顾的是 1968 年赫尔曼·米勒推出的动感办公室系统（图 160）和 21 世纪初设计的分解式办公室系统。动感办公室系统创造了开放式、无间隔的现代办公空间，镶板隔断是其构造特征；分解式办公室系统则发展了更强调个性的定制化、后现代办公空间，螺旋桨状立柱支架是其构造特征。

随着网络社会的崛起、移动办公的盛行、弹性工作的普遍，当下的办公空间越来越呈现出多变的样态。比如美国硅谷创新型企业引领的休闲性、娱乐化办公空间潮流，荷兰埃因霍温（Eindhoven）的智慧园区办公空间，上海旧工业厂房改造的生态和创意办公空间（图 161），以及家庭式的 SOHO 办公（图 162）、拎包入住的共享式办公室、旅馆式办公等多种模式。一方面在办公空间中引入餐饮、娱乐、健身、展示、园艺等空间，极大地拓展人在工作中的社交可能（图 163）；另一方面它让个人化的办公空间更加灵活、舒适、可定制，深入改善人沉浸式的办公体验，这两方面都是未来办公空间发展的趋势。

158 办公家具
159 办公空间
160 米勒的办公室
161 旧厂房改造的办公空间
162 SOHO 办公
163 办公健身

053

Chapter 1 家具的概念

Chapter 2 家具的发展与变迁

Chapter 3 环境·家具·人体

Chapter 4 家具设计

Chapter 5 家具制作

Chapter 6 建筑·街具·定制

Chapter 7 家具设计的教学案例

Chapter 8 家具设计的作品赏析

5. 储纳（Storage）家具

商场里的货架、厨房中的橱柜、图书馆中的书架和档案柜、银行金库里的保险箱、博物馆中的标本箱，都归属于储纳家具的范畴。储纳家具的重要作用是容纳物品、规整物品和展示物品（图164）。在网络时代，越来越多的零售空间向展示性体验空间转化，而在强大物流体系的支持下，仓储空间也在转换成工厂店。在物品极大丰富、制造业互联网化的时代条件下，规整而精致的储纳空间带给消费者对于人造世界美好的视觉体验和条理化的心智感受。这也是瑞典的宜家（图165）、日本的无印良品（MUJI）（图166）这样的品牌能够打动客户的原因之一。

商场中的货架是一种储存、陈列单元，其设计目的在于节约空间和提升销量（图167）。它们易于组装、摆放灵活、坚固耐用、不遮挡视线。对贵重物品和大宗商品而言，需要有专人提供服务；对于普通商品而言，则应该方便顾客自行取放。因此，这样的货架应当考虑与人的身体蹲立高度、臂展长度和视线可及的范围的尺度关系。家庭中的步入式衣柜也属于这样的储纳家具，其分隔方式与衣物的大小尺寸和取用频度有关，环绕人体的衣柜提供一目了然的即视感和物质极大丰富的沉浸感、满足感。厨房中的橱柜是家庭装修中的重要组成部分，除了考虑日常的清洗、烹饪、加工需要，还应该有材质的易清洁和防火考量。西式厨房大多采用开放式，一方面食物烹饪较少产生油烟，另一方面让空间更加通透、流动并具有展示性。而中式厨房因为烹饪方式的原因，大多采用封闭式，橱柜也普遍装门扇，可开闭。书库和档案库中为了方便寻找目标和节约空间，常常采用移动式书架、书柜，地面采用耐压的导轨。

总体而言，储纳空间的设计需要认真研究分类学，以及不同类型物品的可视化表达等问题。而且，由于物品的不断增加，这一问题需要在功能空间设计之初予以充分的考虑（图168）。

164 储纳家具
165 宜家储纳家具
166 无印良品储纳家具
167 货架
168 楼梯下的储纳空间

二、家具在空间中布置的方法

家具是具有造型审美特征的空间器皿，它通过有效的组织、审慎的布置，成为空间中的空间，和所处的建筑空间相互依存、相互作用，丰富着空间的美学，建构着生活的诗意。我们常常说建筑是凝固的音乐，正是因为建筑空间的抽象美与音乐旋律中的节奏、秩序、结构、腔调等特征殊途同归。作为建筑空间进一步的完善和场景化表达，家具组织起来的生活空间使得抽象空间的韵味更加馥郁和婉转（图169）。

通常来说，我们在空间中进行家具布置的时候，需要考虑以下几对主要关系：

• 人与家具之间的关系

• 家具和建筑空间之间的关系

• 家具和家具之间的组合关系

• 功能实现和美学体验之间的关系

设计师在考虑环境、家具和人体的相互关系的基础上，在兼顾功能与美学之间关系的基础上，一般可以对家具进行七种类型的布置，分别是集中聚焦式、组团并列式、网格均布式、连续线条式、辐射发散式、轴线对称式、序列递进式。

1. 集中聚焦式

集中聚焦式的家具布置一般被用于塑造空间中的焦点，尤其是在比较空旷松散的空间中，需要通过一组家具的集中化布置，形成惹人注意的兴奋点（图170）。比如教堂中的祭坛、吊灯、十字架等，再比如教室中高起的讲台、移动式黑板等，又比如客厅中的沙发、电视柜、背景墙、吊灯和地毯等（图171）。这些集中聚焦式的家具布置通常需要一些造型、材质和色彩独特的特色家具，比如扎哈·哈迪德（Zaha Hadid）设计的塑性造型的河床沙发、费尼尼（Vernini）设计的弯曲复杂的玻璃吊灯，这些充满艺术想象力的家具都是空间中熠熠生辉的主角，通过和其他家具的围合、架起、覆盖、材质变化来形成集中聚焦式的空间。

169 家具在空间中的布置

170 集中聚焦式

171 集中聚焦式客厅

169

170

171

2. 组团并列式

组团并列式的家具布置通常被用于在开阔空间中塑造一系列相互并列、各自独立的空间，比如办公空间中的组团式办公单元，餐厅中的就餐单元，商场中货柜货架分隔的销售、展示单元，音乐厅中的不同组团分区等（图172、图173）。这些由隔板、桌椅、货柜组成的家具组团，主要是在宽敞的大空间里分隔出具有相对独立性和私密性的组团空间，这样既不影响共享空间的整体活跃气氛，又使组团内部空间具有自身的变化性和多样性。宜家的家具展厅就是在大空间中分隔出不同风格、不同特色的样板家具组团空间，按照一定的顺序排列在消费者的参观流线上，不仅琳琅满目，易于分类和比较，也给消费者创造了丰富的家居生活体验。上海交响乐团音乐厅对观众区进行划分，不仅视线、音响效果有所差异，差异化的还有观赏演出的门票价格（图174）。

3. 网格均布式

网格均布式的家具布置一般被用于教室、办公室、图书馆、医院病房、幼儿园的卧房等标准化空间当中（图175、图176）。为了向学生、职员或者访客提供标准化、通用式的服务内容和空间内涵，空间形式通常也是以网格状、均布化的状态出现。但是这种空间大量性、均质化的排列也会带来新的问题，即空间的枯燥和平淡，使得其中的空间使用者不易获得存在感和获得感。这样的办公空间和教育空间模式今天正在越来越多地被更加生动、富有趣味和多样化的空间所取代。

172 组团并列式休闲桌椅
173 组团并列式餐桌椅
174 上海交响乐团音乐厅
175 网格均布式医院病房
176 网格均布式教育空间

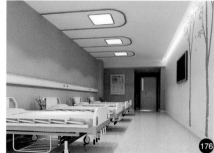

057

Chapter 1 家具的概念

Chapter 2 家具的发展与变迁

Chapter 3 环境・家具・人体

Chapter 4 家具设计

Chapter 5 家具制作

Chapter 6 建筑・街具・定制

Chapter 7 家具设计的教学案例

Chapter 8 家具设计的作品赏析

177 连续线条式

178 线性桌椅

179 武藏野美术大学图书馆

180 多摩美术大学图书馆模型

181 多摩美术大学图书馆

4. 连续线条式

教堂中的长椅、食堂里的长桌长凳、西餐厅里的长桌、厨房中的操作台、更衣室里的连续衣柜、体育场看台中的连续座位、家具工厂里的流程化操作空间等采用的都是连续线条式的家具布置方式（图177、图178）。这种布置通常是为了某种活动方式的不间断进行，或者是为了节约空间、提高空间的通用性，能够带给人一种整齐划一，而又绵延不绝的体验。比如藤本壮介（Sou Fujimoto）为武藏野美术大学图书馆设计的连续性的书墙，就把阅览者不断引向空间的深处，塑造了一个无穷无尽的知识宝库形象（图179）。

5. 辐射发散式

与集中聚焦式相反，辐射发散式的家具布置方式不是为了创造空间焦点，而是为了体现一种外向、开放的空间姿态。这种布置形式通常会跟建筑平面有关，比如圆形的上海南站让旅客能够从各个方向进入交通枢纽空间，伊东丰雄（Toyo Ito）设计的多摩美术大学图书馆围绕着散布在空间里的膜质穹窿，以螺旋发散的曲线形态来摆布书柜，不仅创造出趣味丰富的阅读空间，而且在不同阅读主题之间也创造出方便人进入的过渡空间（图180、图181）。

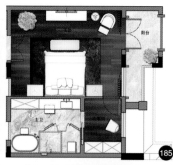

6. 轴线对称式

中国传统民居正厅摆放的八仙桌、圈椅、花瓶、铜镜、座钟以及悬挂的图画、楹联、匾额都采用轴对称的形式，形成秩序感强、端庄平和的空间氛围，不仅符合儒家社会的思想传统，也强化了空间的严肃性和仪式感（图182）。现在大多数观演空间和企业接待大堂也采用这种轴对称模式，强化仪式空间的气度。但西班牙艺术家萨尔瓦多·达利（Salvador Dali）设计的梅·韦斯特（Mae West）房间，虽然模仿人的五官也采取轴线对称的布局方式——金色窗帘代表头发，两幅画代表眼睛，壁炉代表鼻子，沙发代表嘴唇——由于采用了强烈的色彩对比和造型夸张，反而产生了戏谑、幽默的空间效果（图183、图184）。

7. 序列递进式

居住空间中的卧室套间，通常由盥洗室、更衣室、梳妆区和睡眠区组成，这些空间相对独立，又互相贯通，形成了有主次关系和节奏效果的空间序列（图185）。再比如厨房空间中的粗加工区、垃圾库、生食加工区、熟食加工区、备餐区等也形成了围绕食物加工工艺展开的、层层递进的空间序列（图186）。这就如同紫禁城序列式的递进空间，在空间中展现出一种时间性的效果。时间本身就具有过程性、即时性和恒常性等多重特征，空间与时间相融合，变静止为动态，化抽象为具体，能让人感受到一种宛如观看戏剧、欣赏音乐、感受生命过程的连续性和多样性。

🔍 **小贴士**

空间的时间性

传统的古典空间是静态的，人在体验古典空间时通常能通过观察一个空间片段，领略一处空间场景，建立对整体空间的认知。中国古代的园林空间是动态的，人在其中游走，在不同的位置能得到完全不同的空间体验，只有把不同时刻获得的空间体验按照时间顺序连接起来，才能够建立起对空间的完整认知。这与现代主义强调的流动空间有异曲同工之妙。具有时间性的空间也是如此，只有完整把握时间序列上的空间状态，才能理解空间的意义和价值。

059

Chapter 1 家具的概念　Chapter 2 家具的发展与变迁　Chapter 3 环境·家具·人体　Chapter 4 家具设计　Chapter 5 家具制作　Chapter 6 建筑·街具·定制　Chapter 7 家具设计的教学案例　Chapter 8 家具设计的作品赏析

三、家具与人体的关系

实用、坚固、经济、美观是评价家具设计的重要指标。其中，实用性居首。实用性源于家具支撑身体、延展动作、服务需求的功能作用。家具的实用性通常是通过人使用家具的便利性、舒适性和使用时的触觉感受体现出来（图187）。所以说，如同衣服和建筑一样，家具也是人身体的延展。从人身体感官体验的角度，我们不难发现，家具通过追求颜值来打动视觉，通过感受质地来打动听觉，通过体验芬芳来打动嗅觉，通过妙用材料来打动触觉，通过姿态和文化来打动知觉。家具在与身体的互动中，模拟身体形态，塑造身体姿态，刺激感官状态，与身体形成牵扯勾连、无法分离的纠缠。梅洛·庞蒂（Maurice Merleau Ponty）认为："我在我的知觉中用我的身体来组织与世界打交道，由于我的身体并通过我的身体，我寓居于世界。"[2]这就不得不提到人因学，专门研究人体和设计作品的结构、造型、材质等外观特征之间关系的科学。它涉及多个领域的研究，比如人体测量、人体工学、人体解剖、静力学等。

1. 尺度（Scale）

文艺复兴百科全书式的艺术家达·芬奇曾经绘制著名的人体比例分析图，来研究人体和几何形态之间的关系。著名建筑师和理论家勒·柯布西耶（Le Cobusier）曾经提出"模度"概念，以人体尺度数据来指导建筑立面设计（图188）。事实上，人体作为造化的精华，其各个部分的尺寸及其相互之间有着精密的尺度关系。人体测量学就是通过对不同年龄、身材、民族、性别的人进行人体测量，并且结合人口统计数据分析，获得对人类体质特征状况了解的一门科学。家具设计师需要利用人体测量学知识进行家具设计，使得家具尺度尽可能与人体结构特征和姿势动作相协调，提升家具的实用性和舒适度（图189）。

比如，对一把椅子而言，我们需要了解：

适合东亚地区普通成年人就座的椅座高度、椅座深度；阅读时椅背的最佳倾斜角度；就餐时椅背的最佳高度；不同椅子材料带来的不同触觉体验；方便老人搬运的椅子自重；为了便于书写，带小桌板的座椅悬挑桌板受力等。

家具尺寸和周围环境关系紧密，当环境发生变化，家具尺寸也会发生相应变化，但是各个组成部分和构件之间的比例关系基本不变，这样空间就会具备良好的尺度感，比如说私密的卧室家具和开放的大堂家具尺寸会有差异。但是基于人体尺寸的基本数据是一致的，因此这种变化的幅度是有限的。

作为家具设计的基本依据，人体的尺度通常包括两部分尺寸，即构造尺寸和功能尺寸。构造尺寸是指静态的人体尺寸，如坐高、腿长等；功能尺寸是指人在完成某些目的性动作的情况下肢体能够达到的空间范围，这种动态的尺寸范围提

187 有触觉感受的家具

2　岳璐.道成肉身——梅洛·庞蒂身体理论初探［J］.文艺评论，2009（05）：2-6。

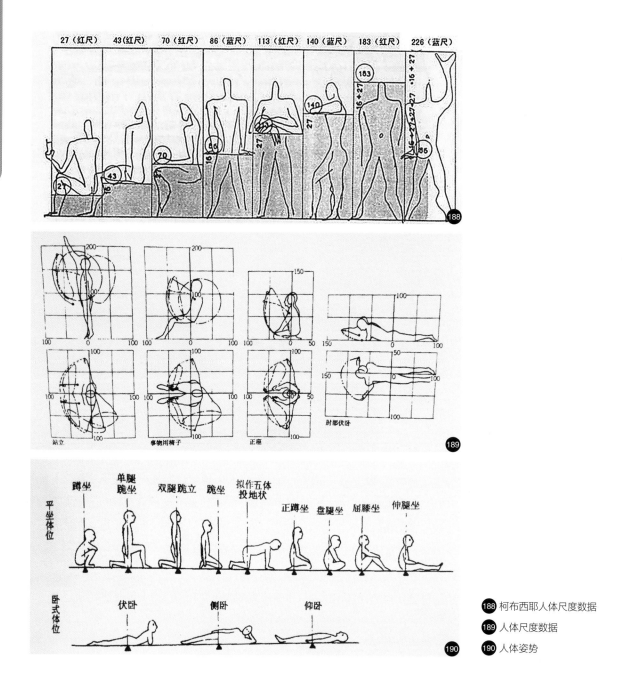

188 柯布西耶人体尺度数据

189 人体尺度数据

190 人体姿势

供给了我们设计的重要参照，即不是把家具看作静态的工具，而是动态的容器。最典型的就是摇椅、转椅和滑轮椅等家具，满足了人在一定空间内改变身体位置和状态的诉求。

对于设计师而言，在了解所有这些数据的基础上，我们首先要弄清楚两个问题：一是这件家具的使用者或者潜在使用者是谁，二是这件家具的使用环境是什么样。只有目标清晰，才能够有针对性地运用这些数据，设计出符合需求的家具。

061

Chapter 1 家具的概念　Chapter 2 家具的发展与变迁　Chapter 3 环境·家具·人体　Chapter 4 家具设计　Chapter 5 家具制作　Chapter 6 建筑·街具·定制　Chapter 7 家具设计的教学案例　Chapter 8 家具设计的作品赏析

2. 姿势（Posture）

　　人体的坐、立、躺、卧、趴、蹲、跪、行走、跑动、跳跃、葡匐等多种多样的身体姿势既是人探索外部世界的身体语言，也是与他人进行交往的空间模式，受到生理、社会、性别等多种因素影响。人体的姿势不是静止不变的，相反，为了促进血液循环，缓解身体压力，调整社交状态，姿势是不断发生变化的（图190）。人体的各种姿势也会给设计师带来设计灵感。比如西班牙设计师佩德罗·莱耶（Pedro Reyes）设计的手掌椅是以独特的手语造型纪念日本男优加藤鹰（图191）；丹麦设计师芬·尤（Finn Juhl）从酋长的刀刃、马鞍和盾牌造型中汲取灵感设计了酋长椅，其扶手采用皮革包裹铁片，形态轻盈飘逸，人可以将双腿斜跨其上，以奔放不羁的自由取代了正襟危坐的拘束（图192）；中国明代的圈椅，让人把双臂和手自然搁在椅圈和扶手上，双脚踩在踏脚枨上，引导人的坐姿，渊渟岳峙、平和端庄，符合儒家所倡导的为人之道。

　　研究者认为，自然休息姿势最有利于人体健康。在这种姿势下，脊柱的状态被丹麦医师曼德尔定义为"平衡坐姿"，因为脊柱能够最合理地分担人体重量，而且可以缓解骨骼和肌肉的紧张状态，使之更具弹性和松弛度。

3. 距离（Distance）

　　人与人之间的距离牵涉到私密与公共、亲密感受、拥挤体验、防卫空间和互动可能等多种因素，包含着心理学、社会学和文化人类学等领域的学科内容。家具尺寸、位置、排布方式影响了人的空间感、社交状况、情绪欲望，并进一步影响了人的行为模式。

　　人类学家爱德华·霍尔（Edward Hall）在其著作《隐藏的维度》（The Hidden Dimension）一书中把人的社交距离分为四类：

- 亲密距离——15.2—45.7cm
- 私人交流距离——0.45—1.21m
- 社会交往距离——1.21—3.65m
- 公共距离——3.65m 以上

　　设计师在进行家具设计时，应当尽可能多地考虑人体距离要素，合理安排人与人的交往尺度。比如瑞典建筑师古纳尔·阿斯普朗德（Gunnar Asplund）设计的一条公共空间的长凳（图193），以15°的折角结构把长凳区隔并连接起来，让坐在长凳上的人可以在更合适的位置和角度下进行眼神和身体姿态的交流。这就突破了传统长凳的刻板模式，从人际交往的角度进行了设计创新。

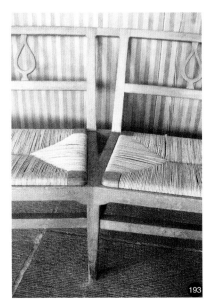

● 191 手掌椅

● 192 酋长椅

● 193 15°角的公共长凳

4. 人体工学（Ergonomics）

人体工学试图在任务执行、人体耐受和产品设计参数间寻找到一种健康、舒适、高效的工作方式。波兰学者胡契克·亚斯琴波夫斯基（Wojciech Jastrzebowski）1857年提出这一概念，自此之后，人体工学就成为生产、工作和人体耐受之间的一座桥梁。我们利用人体工学来优化设计方案，使家具使用者能够在自身身体的耐受限度内，更加舒适、高效地完成工作任务。"通用设计"（Universal Design）和"无障碍设计"（Accessible Design）等概念也包含在"人体工学"这一具有广泛意义的概念范畴内。

目前，人体工学的研究重点在于，网络化、自动化办公设备和不良工作习惯给人体健康带来的重复性肌肉拉伤和颈椎、腰椎劳损等疾病。这些累积性、重复性损伤影响人的神经、肌腱、韧带、肌肉和骨骼健康，进而影响人的生活质量和工作质量。容易出现工伤的职能机构和关注员工安全健康的单位部门已经把人体工学作为办公家具采购的首要考虑要素。

以座椅为例，设计类似的人体支撑物时，需要关注四个方面的问题。

• 能够承受人体的重量。研究发现，座位倾斜度（椅座和靠背之间的角度）对椅子的承重、坐姿的舒适都有至关重要的作用。通过研究不同姿态的侧视图，设计师可以寻找到有助于分担体重而又体感舒适的座位倾斜度。一般建议的座位倾斜度是90°—105°（图194）。

• 能够减少或者消除身体压迫点。身体压迫点会阻碍人体血液循环、影响神经传导，让人身体麻木不适。比如弹性坐垫和椅座边缘弧形弯曲是为了尽可能减少对膝盖后面大腿部的压迫，因为这个部位对外力特别敏感。

• 能够适应人体的多种姿态。人体姿态并非一成不变，如果长时间保持一种姿态不动，人体的血液循环、神经信号传导都会受到影响，人就会感到不舒服。美术学院里的保持一种姿态的人体模特尽管每隔30分钟左右能休息活动，仍会感觉身体麻木不适。因此，座椅设计需要考虑人体在静止和变化姿势的状态下都可以发挥支撑作用（图195）。

• 能够保持腰椎前凸。经常向前靠桌面伏案工作会造成腰椎间盘压力升高，腰椎的自然弯曲被破坏，造成腰部酸痛乃至驼背。因此设计师要考虑让人在就座时能够和站立时具有近似的脊柱弯曲自然曲度，维护人体健康（图196）。

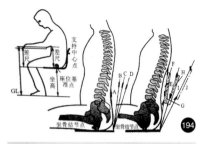

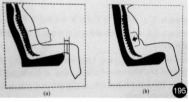

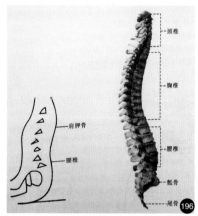

194 良好的背部支持

195 腰靠对腰椎柱曲线的影响

196 椅子靠背的两个支撑点的位置及脊椎解析图

🔎 **课堂思考**

1. 尝试绘制自己家里不同功能的空间并带家具布置的平面图（1:50）。

2. 分别选择餐椅、办公椅、躺椅，绘制人体坐在上面的典型姿势的侧视图（1:20）。

🔎 **小贴士**

人体工学

又称为人因学、人体工程学，是把人体解剖学、运动健康理论广泛运用于产品设计、环境设计等领域的实践性科学。家具由于天然具备的亲体性，因而成为人体工学研究的重要领域。但是应当注意的是，人的心理感受不在人体工学的研究范围内。

Chapter 4

家具设计

一、家具设计的目标

"真、善、美"是所有人造物的追求目标。古罗马建筑师维特鲁威
（Vitruvius）指出，建筑的设计原则是"实用、坚固、美观"，分别对应着
"善、真、美"，这一原则直到今天也没有发生本质的变化。家具虽然设计建
造周期短，但是与建筑类似，也要满足人的使用需求，容纳、支撑和延展人的
身体，也需要依靠物质材料，在相应的工艺条件下制造出来，在人的生产生活
环境中充当重要角色。因此，家具同样具备"实用、坚固、美观"的设计原
则。除此以外，由于家具产品往往需要被批量化生产制造，生产厂家为了提高
利润必须控制家具的成本，因此还需要关注家具的经济性。

065

Chapter 1 家具的概念

Chapter 2 家具的发展与变迁

Chapter 3 环境·家具·人体

Chapter 4 家具设计

Chapter 5 家具制作

Chapter 6 建筑·街具·定制

Chapter 7 家具设计的教学案例

Chapter 8 家具设计的作品赏析

所以，实用、坚固、美观、经济成为家具设计的主要目标。除此以外，家具设计还会关注舒适、环保和创新。因为家具具有近体性特征，人在解决了基本生活需求之后，自然会追求更加舒适，使人身心愉悦的家具。当下人们关注节约资源，提倡绿色健康的生活态度，都希望家具的主材、辅材、零配件更节约材料，能减少生产过程中的能源损耗，也注意材料的安全性，避免使用对身体有害的材料。创新更是今天制造行业转型发展的主要驱动力，只有通过观念创新、技术创新和机制创新，才能让家具产品具有生命力，才能设计制造出具有时代特征、引领生活潮流、面向未来的家具作品。

1. 实用

实用意味着家具要满足人特定的使用功能，因此在家具设计中应当考虑实用性。比如纹饰繁复、厚重笨拙的清式家具虽然有一定的装饰美感，但是放在今天普通家庭的公寓生活中，就显得过于笨重、难以清洁、不够实用了（图197）。而明式家具由于造型比较简洁轻盈，用料比较考究雅致，虽然尺寸比现在的普通家具稍大一点，但在今天还是具有实用性，受到越来越多的都市人的追捧（图198、图199）。布艺家具能够体现温馨自然的生活态度，但是如果放在餐厅、酒吧等公共场所，难以清洁，就显得很不实用了（图200）。相反地，如果在需要考虑声音反射和混响的剧院、报告厅里放置金属、木材表面的家具，就难以吸收观众区的噪音，反而不实用了。因此，实用性并非千篇一律，而是应当根据具体的家具的使用环境和使用情况来确定。

2. 坚固

由于大多数家具需要支撑人的身体重量，而且常常要移动、搬运，因此应该重视家具的结构稳定和坚固性（图201、图202）。尤其是在现代家具为了追求简洁的造型、俭省的用料、轻松的移动的趋势下，对坚固性的把握就显得更加重要。人体坐卧、凭倚在家具上，姿势是时常发生变化的，姿势改变会导致人体重心的变化。如果家具无法包容人体姿势的这些变化，而发生垮塌、断裂，轻则损毁家具，

🄫 清式家具
🄫 明式家具
🄫 新明式家具
🄫 布艺家具
🄫 家具结构稳定性
🄫 家具结构坚固性

重则致人受伤，这是消费者、设计师和制造商都无法接受的，必须予以杜绝。

3.美观

家具设计通过整合多种有形和无形的要素，针对某种使用目的，通过组织一系列物质组件，形成具有内在逻辑和外在秩序的统一整体。这种秩序性和统一性的形式表达，就是家具美学的体现。

家具设计也跟音乐、绘画、建筑一样，遵循形式美的法则，比如统一与变化、对称与平衡、比例与尺度、节奏与韵律等原则。

一件家具，完成了它功能上的使命，就能产生美。因为善会让人感受到美，比如瓦格纳（Hans Wegner）的经典作品侍从椅，他把座椅靠背设计成衣架造型，给人们挂衣服提供方便，而将座椅反向拉起形成的造型则可以用来挂长裤，座椅下方露出来的三角形盒子能够存放小物件。这种深入考虑功能需求的设计就让人不由得赞叹设计者的匠心，也让使用者体会到创意和理性并存的设计之美（图203）。一件家具，即使不考虑它的功能性，只是单纯将其作为一件空间的雕塑或者装置，也会让人感受到作品本身的形式美。比如美国建筑师弗兰克·盖里（Frank Gehry）设计的"轻松边缘"（Easy Edges）系列椅用60层左右的硬纸板弯曲成流畅蜿蜒的线条，挤压和绵延向上的造型体现出一种生命力量，而生态化的材质运用也让人有更好的抚触感，如同盖里的解构主义建筑一样，其形式美感让人难忘（图204）。很多家具作品在结构、材料、工艺等技术要素上进行了深入的探索，创造出独特的技术美感。比如丹麦设计师维纳·潘通（Verner Panton）设计的潘通椅开创了一个崭新的时代，这把一次性模压成形的强化聚酯塑料悬臂椅堪称世界之最，它反常的悬挑力学特征挑战了人们的视觉体验，它抽象雕塑般的造型又重塑了人们对椅子的认识，带给人非常丰富的体验：既端庄又性感，既神秘又奔放，既娴静又狂野（图205）。另外，还有一些家具设计作品带给人空灵、荒寒的美学体验，宛若禅宗所倡导的哲学意境。比如日本设计师仓俣史朗就非常善于用漂浮、空灵、纯净的设计语言打动人的感官，他设计的座椅"月亮有多高"（How high the moon）用铬镍钢网编织而成，冷硬、纤弱的造型和质感让人仿佛看到冷月的清辉，甚至能感到森森寒意（图206）。再比如，中国明式家具有一种端庄优雅的古典美（图207），密斯（Mies Van der Rohe）的巴塞罗那椅（Barcelona Chair）有一种洗练高贵的现代美，哈迪德（Zaha Hadid）的河床椅则有一种数字化时代的未来美（图208）。这些家具作品都从侧面展现出对于美的不同诠释。

正是因为家具具有雕塑的体积感和材料感，又有建筑的结构和空间特征，还有艺术装置的表意性和互动性，并且同大众的日常生活关系紧密，因此其审美趣味更显独特。尤其是家具内在蕴含的对生活方式的批判性反思，对未来空间艺术形式的种种探索，也使家具美学更加体现出当代性（图209—211）。家

203

204

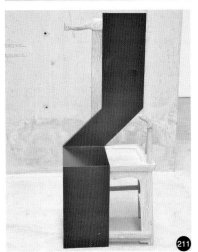

067

Chapter 1 家具的概念

Chapter 2 家具的发展与变迁

Chapter 3 环境·家具·人体

Chapter 4 家具设计

Chapter 5 家具制作

Chapter 6 建筑·街具·定制

Chapter 7 家具设计的教学案例

Chapter 8 家具设计的作品赏析

具常常成为各大当代艺术博物馆和展会上的重要成员。在世界范围内，最负盛名的家具专业展会要数意大利米兰国际家具展、德国科隆国际家具展、美国高点国际家具展和中国（上海）国际家具博览会等（图212—214）。另外，在一些著名的设计双年展和国际设计周活动中，各种家具设计作品也是必不可少的展项内容。

213 美国高点国际家具展
214 中国（上海）国际家具博览会

4. 经济

　　作为一种在工厂里大量制造的产品，家具设计需要着重考虑其经济性。首先，厂家需要控制一件家具的制作成本，才能控制风险、保证利润，这就意味着避免昂贵的材料、复杂的工艺；其次，市场需要价廉物美的家具，一件华而不实的产品很难找到广泛的客户群；再次，在运输等物流环节，物流公司也希望家具自重较轻，便于搬运；最后，在使用环节，使用者还希望家具易于移动、方便清洁、节约空间。这些现实而具体的需求，都决定了家具在经济性方面的考虑（图215、图216）。

　　当然也有一些家具，如同概念性和实验性的时装设计、汽车设计一样，着重表达设计师的一种对未来趋势的设想和设计哲学的探索，并不追求经济性，而是追求作品本身的思想性和观念性。这样的家具可以看成一件探索性的作品，并非成熟的具有市场号召力的产品（图217、图218）。在个性化、定制化的时代，随着消费者自我意识的觉醒，以及虚拟现实、3D打印技术的成熟，家具产业也面临变革，越来越多的家具设计师为具有特殊审美趣味和功能诉求的群体进行定制，定制家具会成为一种介于产品、作品之间的设计物（图219）。

小贴士

家具的美学

作为产品，家具是给人使用的；作为环境，家具也是给人栖居和感知的。人在使用和感知家具的过程中，也对家具进行审美和欣赏。和其他产品相比，家具既延展身体，又包容身体；和其他环境相比，家具和日常生活的关系尤为密切。家具的设计和制造需要体力、精神和意志的投入。因此，家具的美既是实用的美、工具的美，是由善而美；也是身体的美，是人的自我欣赏；还是工匠的美，是对人的造物智慧的赞美。

215 经济型家具
216 方便清洁的家具
217 概念性和实验性家具
218 概念性和实验性家具
219 定制家具

069
Chapter 1 家具的概念
Chapter 2 家具的发展与变迁
Chapter 3 环境·家具·人体
Chapter 4 家具设计
Chapter 5 家具制作
Chapter 6 建筑·街具·定制
Chapter 7 家具设计的教学案例
Chapter 8 家具设计的作品赏析

二、家具设计的内容

从大体上的外观造型，到进一步的结构构造，再到深入的制造工艺，设计师都需要兢兢业业、一丝不苟地进行研究、思考和设计。设计师从理念的认知到形式的感觉，从力学的判断到物性的表达，都需要反复地反思和探索。设计师既要有思接千载的哲人思考，又要有神游万仞的艺人体验；既要有造化天地的文人素养，又要有物我融通的匠人精神。从一件家具的诞生之始到完成之时，设计无处不在。

1. 外观造型设计

家具外观造型设计是在满足功能需求的前提下，力求通过家具的形式设计给人带来审美体验和精神愉悦。这种审美体验往往并不单纯是视觉上的，也有触觉和心灵知觉等方面的感受。因此，家具的造型设计包含对于形态、色彩、纹理、质感等方面的综合考虑。

从形态的角度来说，一件家具是点、线、面、体的组合，符合形态构成的基本规律。比如欧内斯特·雷斯（Ernest Race）于1951年设计的羚羊椅（图220），它宛若羚羊般活泼的造型、鲜明的色彩、浓郁的异域风情都传达出一种热情积极的情绪。它是一种点和线的构成，其中椅腿末端圆球状的处理，就是一种点的造型，灵感来自当时物理学原子结构的发现，展现出设计者积极乐观的态度。

从色彩的角度来说，一件家具既可以展现自然材料本身的色彩，比如木头的原色、金属的本色、石材的底色等等，也可以采用人工喷涂的颜色，用原色、间色或对比色。比如里特维德（Gerrit Thomas Rietveld）设计的红蓝椅（图221）就采用了红、蓝、黄等三原色和黑色的搭配，以及点、线、面的构成手法

220 羚羊椅

221 红蓝椅

222 层压软木家具

223 竹家具

向蒙德里安（Piet Cornelies Mondrian）致敬。这件红蓝椅家具陈列在他著名的建筑作品乌德勒支住宅（Schroder House in Utrecht）中，成为荷兰风格派运动的代表作品。

从质感和纹理的角度来说，一件家具可以采用自然材料的天然质感和纹理，比如北欧家具层压软木家具（图 222）呈现出了木材本身的材质感，中国民间的竹家具（图 223）很好地展现出竹子的材质感；也可以采用人工装饰的质感和纹理，最典型的就是许多加装编织面料的软质家具，通过编织材料的不同的质感和不同的编织纹样来重新定义家具的表面，呈现出不同的风格和效果。

2. 结构构造设计

家具的结构和构造都和材料有关，采用不同的材料，就会有不同的结构选型和构造联结方式。一般而言，家具材料主要包括实木、人造木、金属、竹藤、软体材料、塑料等，其他还有玻璃、石材等。

以实木家具为例，实木家具的结构通常包括框架式结构、板式结构、箱框结构等（图 224—226）。框架式结构类似于建筑的梁柱体系，以木杆件组成家具的框架，再以板材镶嵌、填充形成完整家具，框架受力，板材仅作填充料不受力；板式结构类似于建筑的剪力墙结构，以旁板作为家具中的主要结构骨架，其他顶板、底板、层板以及抽屉轨道都依附在旁板上，旁板主要受力；箱框结

071

Chapter 1 家具的概念　Chapter 2 家具的发展与变迁　Chapter 3 环境·家具·人体　Chapter 4 家具设计　Chapter 5 家具制作　Chapter 6 建筑·街具·定制　Chapter 7 家具设计的教学案例　Chapter 8 家具设计的作品赏析

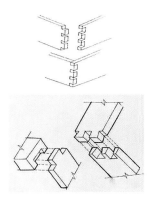

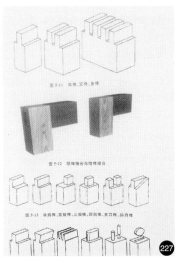

224 板式结构

225 框架式结构

226 燕尾箱榫

227 榫卯结构

 小贴士

工艺设计

造型设计、结构设计和工艺设计是造物设计的三个不同部分，又是紧密关联、相互融合的。造型设计关注外观形式美感的艺术把握，结构设计探究结构造型内在受力的科学合理，工艺设计则需体察材料物性天然特征，并通过技术去呈现或者强化这种特征。艺术、科学和技术是实现造物智慧不可或缺的三种要素。

构则类似于建筑的箱型基础，由四块以上板材组成一个箱子或者框子，其他的板材通过五金件或者榫槽与箱体进行连接。

就构造方式来说，实木家具的构造联结包括榫卯、螺栓、铆钉、黏胶等方式，其中榫卯是中国传统中最具代表性和特色的构造形式。它围绕木材固有的材质特点，发展出特有的柔性连接和构造装饰形式，小到家具器皿，大到建筑装修，它都有着极其普遍的应用。以榫卯的榫头形态进行分类，它有直角榫、燕尾榫、指榫、椭圆榫、圆榫、片榫等（图227）。

除了实木家具以外，其他材料的家具也有符合各自材料特性的结构形式和构造方式。比如软体材料的家具是先用木结构或者钢结构等制成支承结构，再在外面包裹或者覆盖编织类、皮革类、塑膜类的材料，也有依靠充气气囊支承重量的软体家具；金属类家具的构造方式通常是焊接、铆钉接、销接等；竹藤材料家具一般用竹竿、粗藤条做骨架，用竹篾、藤条等编织成表面，竹骨架的连接方式有销钉式连接、捆扎式连接、穿插式连接和部件式连接等。

3. 制造工艺设计

爱因斯坦（Albert Einstein）曾经说过："事情应该力求简单，但不能过于简单。"我们制作一件家具，必然会涉及各种与制作技能和材料工具相关的知识以及制作工艺和方法。在制作一件家具前，我们应该先列出一个清单，把涉及的各种材料、工具、五金件等都罗列出来，同时想清楚每种材料的购置成本及其本身质量。然后我们详细绘制出这件家具的图纸，用手绘和计算机精细绘制的方式，明确具体部件的尺寸、数量和加工方式等。在对家具局部进行深化设计时，需要考虑其工艺方式。全面、合理、深入的工艺设计，是这件家具最终能够得到高质量呈现的必要条件。而这项工作的完成，需要设计师和工厂里经验丰富的师傅或者手工艺人共同协作。

比如弯曲木的加工工艺就是用蒸汽充分浸润木材，再施加外力让它弯曲（图228），安妮·伊芙琳（Annie Evelyn）就利用这种方法制作了弹性椅子，并获得专利（图229）；层压弯曲木则是利用蒸汽对一叠片状木板进行浸润，再依托

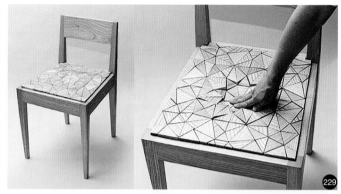

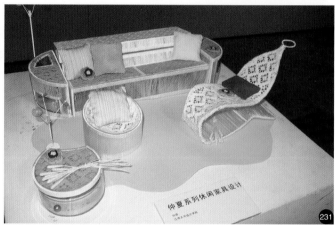

金属造型物进行层压，这样制作的家具重量轻、坚固性好；雕刻工艺是利用手工或者数控设备对石材、木材或者塑料等材料的表面进行刻画（图230）；编织工艺是用织物、绳索、藤条等材料进行缠绕、张拉、拴结，形成具有一定强度和图案感的表面（图231）；其他还有黏结、焊接、机械连接等连接工艺，以及打磨、涂装、表面处理等工艺。用适当的工艺来处理对应的材料，容易获得预期的效果。

228 弯曲木的加工工艺
229 弹性椅子（Squishy）
230 雕刻工艺
231 编织工艺

三、家具设计的过程阶段

设计是一个过程，是把人脑海中的抽象理念或者具体形象转化成实际空间和器物形式的过程。由于设计具有过程性特征，这决定了它不可能一蹴而就，必然是循序渐进、不断成熟深入的。设计师在家具设计中起到主导作用，需要将对于产品的客观分析和主观体验自然地融入设计中，将大胆地假设和小心地求证需要融合在家具设计的不同阶段中。

总体而言，家具设计的过程可以分为六个阶段，分别是：

• 市场调研
• 任务制定
• 创意草图

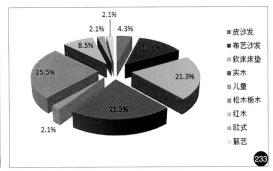

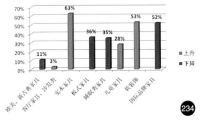

073

Chapter 1 家具的概念　Chapter 2 家具的发展与变迁　Chapter 3 环境·家具·人体　Chapter 4 家具设计　Chapter 5 家具制作　Chapter 6 建筑·街具·定制　Chapter 7 家具设计的教学案例　Chapter 8 家具设计的作品赏析

- 优化和深化
- 模型制作
- 定稿和加工

②②② "SWOT"图
②③③ 江苏睢宁家具市场调研报告
②④④ 2015年江苏县级家具市场调研报告
②③⑤ 任务书分析图

1. 市场调研

市场调研相当于设计的准备阶段，需要了解产品的使用者情况、产品的使用环境特征、成本控制情况、未来利润空间、设计所需时间、市场投放时间、同类产品相关参数分析、成功和失败的影响因素等等。一份好的市场调研报告是产品获得成功的基础，也是投融资决策的依据。市场调研需要重点关注潜在使用者的情况，发现使用者的需求点，未来这些需求点是转化为具体形式的现实依据；还要敏锐把握市场可能的变化，保证产品投放市场的精准性和包容性。在可能的条件下进行SWOT（Strengths、Weaknesses、Opportunities、Threats）分析（图232），用系统分析的思想对有利因素和不利因素、市场机遇和潜在威胁进行罗列和整理，从而为产品生产进行战略决策和定位（图233、图234）。

2. 任务制定

在市场调研的基础上制定具体的设计任务，也就是我们通常说的任务书制定。任务书通常需要回答六个方面的问题。

- 使用者是谁？（Who）
- 用途是什么？（What）
- 为什么选择该产品？（Why）
- 选择什么时机投放该产品？（When）
- 什么空间适合使用该产品？（Where）
- 怎样设计和生产该产品？（How）

回答了这六个问题，基本上就对产品的功能、特性有了基本的了解，接着要进一步明确产品相关的技术标准、牵涉到的法律法规、市场准入的限制性因素，

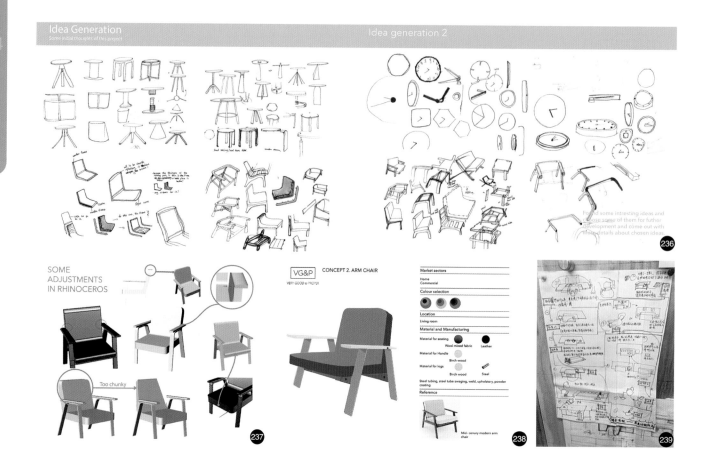

以及材料、工具、时间、空间、成本的相关约束。只有明确了这些内容，才能进行后续的具体设计工作（图235）。

236 家具草图

237 家具 Rhino 图

238 家具 Sketch Up 图

239 吕永中的家具草图

3. 创意草图

草图绘制是重要的设计技巧和设计的核心环节，设计师通常徒手或者借助于计算机图形工具来进行，可以对产品形式进行非正式地探究，是设计师跟自己进行对话的过程。到目前为止，计算机还不能完全代替设计师完成这项创意核心工作。通过手、眼、脑的三位一体运用，设计师在方寸之间探索大千世界，同时打磨自己的思想，形成设计的理念。创意草图阶段是创造性思维的呈现阶段，牵涉到多种不同的设计选择，反映出设计师的"初心"。许多设计师的草图由于具有较好的表现力和丰富的技巧，自身也成为艺术品，受到设计爱好者的追捧（图236）。

4. 优化和深化

在选择了一种设计方向之后，就需要进行具体的设计制图，并对设计的细节进行优化和深化。设计师通常使用计算机软件来制图，如 AutoCad、Sketch

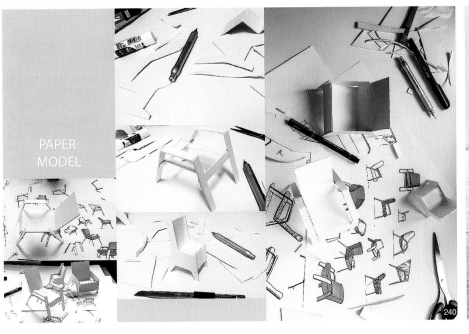

PAPER
MODEL

240

241

240 纸家具模型
241 木家具模型

075
家具的概念 Chapter 1
家具的发展与变迁 Chapter 2
环境·家具·人体 Chapter 3
家具设计 Chapter 4
家具制作 Chapter 5
建筑·街具·定制 Chapter 6
家具设计的教学案例 Chapter 7
家具设计的作品赏析 Chapter 8

Up、3DS Max、Rhino 等，用软件绘制各种三视图、轴测图、效果图、渲染图也被称为计算机辅助设计，是对想象中的产品进行视觉化和数字化的呈现。在制图过程中，设计师按照 1:1 的比例来研究设计，不断深入地分析、探索、观察和改进设计作品（图 237、图 238）。

需要说明的是，关于构造方式和形态细节的手绘草图会不断出现在深化设计的整个过程中，人机之间不断地交互与反馈是设计完美实现的正确途径（图239）。

5. 模型制作

按照一定比例制作整体或者细节模型，是对设计成果进行检验、测试、评估的有效手段。模型制作可以采取手工制作或者机器加工制作的方式，对家具和建筑空间的位置关系、人体和家具的尺度关系、家具整体和局部的比例关系、材料和构造的细节进行考察，也可以作为设计制作的阶段性成果进行展示。模型作为一种设计手段，更加具体和直观；模型作为一种设计语言，更加扎实和生动。它把图纸表达的单纯视觉化图像，转化为立体的、空间的、触觉化的感受，对于评价产品制作技艺和空间美学价值更具参照性。

一般来说，模型制作应当采用可加工、易操作的材料，比如说纸板、木料、泡沫、胶泥等材料，这些材料不仅廉价，能够徒手加工，而且也有一定的强度，可以不断进行调整和修改（图 240、图 241）。

在工业化批量生产家具之前，有时候需要做原型样件。原型样件基本上就是实际产品的定稿模型，它能够全方位体现设计的相关方面，反映还需进一步改进的细节。

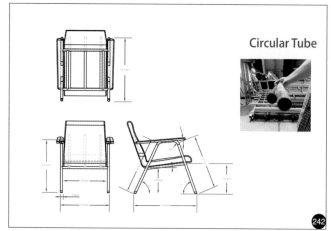

Circular Tube

242 家具定稿 AutoCAD 图
243 家具物流配送

6. 定稿和加工

　　设计作品定稿后需要得到客户的确认，接着作品便可以投入实际加工制作阶段（图242）。此时，设计师的角色有所转变，从具体的执行者转向监督执行者和监理者。在这一阶段中，一方面，设计师需要和工厂的制作者密切配合，按照计划推进产品的完成，并且参与解决具体制作过程中遇到的困难；另一方面，设计师需要和客户保持紧密沟通，确保客户对时间和相关工作的认可。一般来说，这一阶段不会有设计层面的修改，但是也不排除市场的变化以及其他前置约束条件的变化带来的设计调整。因此，作为设计师需要具备较强的沟通能力和娴熟的沟通技巧，以确保项目的顺利执行。

　　在产品加工完成后，就可以根据客户需求进入物流环节进行配送，并且进一步进行送达后的安装调试（图243）。

🔍 课堂思考

1. 选择两款经典家具作品进行全方位地分析和评价。
2. 选择使用两种材料的家具绘制相关节点大样图。
3. 为上海美术学院南院研究生部制定相关家具设计任务书，并完成一件家具设计作品。

Chapter 5

家具制作

078
家具设计基础

🔍 学习目标

了解实木弯曲家具的生产工艺特点，了解中国传统家具生产制作的各个流程以及特点，认识传统手作木工工具以及现代机械木工工具，掌握家具修复的基本内容。

🔍 学习重点

1. 了解 Thonet Chair No. 14 的特点。
2. 认识中国传统实木家具的生产工艺流程。

一、工序与工艺

大部分家具都是由多种材料组合制成的，这种组合的方式既能发挥各种材料的性能特点，满足人们的使用需求，不同质感材料的组合搭配又可以使家具在日常使用中具有更丰富的体验和艺术性。按照制作家具的主要材料的不同，家具的种类可分为木质家具、金属家具、塑料家具、玻璃家具、软体家具、竹藤家具和石材家具等。不同材料种类的家具，在生产制作的过程中都有着不同的生产工艺流程。

在十分丰富的家具材料种类中，木质材料因取自天然、分布广泛、易于加工以及优美的木纹纹理和温和亲切的质感等特点，成为古今中外使用最早、分布最广、用量最大的家具材料。随着人类社会的发展和科技的进步，人们使用木材的方式也更加丰富多样，从最原始的原木发展到锯材、单板、刨花、纤维和化学成分的利用，形成了一个极为丰富庞大的新型木质材料系统。其中包括胶合板、单板层积材、刨花板、纤维板、集成材、重组木、定向刨花板、重组装饰薄木等木质重组材料，以及石膏刨花板、水泥刨花板、木塑复合材料、木材金属复合材料、木质导电材料和木质陶瓷等木基复合材料。而不同的新型木质材料在家具的制作和使用中，也有着不同的生产工艺。按照加工工艺的不同，一般包括实木弯曲家具、实木家具、木质人造板家具、薄板弯曲胶合家具等。

1. 实木弯曲家具

1830年，迈克尔·索耐特（Michael Thonet）（图244）利用水曲柳、桦木、榉木等韧性较好的木材，通过高温高压冲压压制的方法，研发出了蒸汽弯曲木工艺，并且发明了一套先进的生产流程，即根据设计好的图纸和尺寸，将经过热蒸汽定形的标准化木制零件，按照设计成批地组装起来。各个木制部件之间的连接改变了传统的榫卯结构，继之以标准化的螺钉连接。这种具有现代化大工业生产逻辑的批量化生产的模式，以及可以互换标准零部件的理念大大提升了生产速度并降低了生产成本。即使是没有接受过传统木工训练的工人，也能在极短的时间内学会快速合格地生产这些椅子（图245）。

索耐特于1859年推出的14号椅（Thonet Chair No. 14）（图246）在1867年的巴黎世博会上一举夺得金奖。

14号椅的设计没有一丝冗余的部分，六根曲木、十个螺丝钉、两个螺母是一把14号椅的全部零配件。每一个零件都可以用同型号的零件替换，人们可以很容易地把这些部件组装起来，又可以很容易把一把椅子拆卸成独立的部件。这个特点使其极易被包装和运输：1立方米的箱子里可以装下36把拆分好的椅子零件（图247）。随之而来的是14号椅在欧洲乃至整个世界的畅销。到1930年，这款椅子在70年的时间里已经卖出了5000万把。在当时欧洲最主要的消费场所——咖啡馆，这种集合了所有优点的椅子更是成为其标配。因此，它有了另外一个更广为人知的名字：维也纳咖啡馆椅。这款最具代表性、最著名的椅子，是世界家具史上第一把批量化生产的椅子。

244 迈克尔·索耐特（Michael Thonet）
245 索耐特工厂正在制作曲木椅
246 14号椅
247 14号椅的组装部件

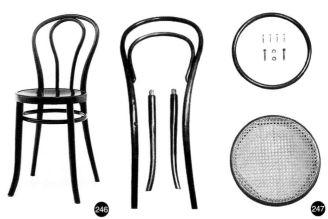

2. 中国传统实木家具

随着我国经济的持续快速发展，人民物质生活在不断丰盈的同时，对于精神生活的追求不断提高，中华民族传统文化也随之逐步回归。而代表传承千年的中国传统木作艺术巅峰的明清硬木家具，更是拥有相当大的市场需求。以往较为低效的传统的师徒制作模式，已不能满足市场的大量需求，由此分工高度细化的半手工、半机械化、流水线的生产模式大量普及。更为细致的分工使工人技术水平更加专业化，相较以往对技术全面系统的技术工人的需求，大大节约了生产成本。而流水线的作业模式也极大地提高了工作效率。按照生产工艺流程，现代传统实木家具的制作车间可分为：备料车间、木工车间、雕花车间、刮磨和打磨车间、油漆车间和安装车间。流水线的生产模式虽然大大提高了生产效率，但各个车间、各个工种的相互合作、资源的合理分配、各个环节生产工艺技术要求的制定以及科学合理、人性化的管理模式，才是家具最终品质的根本保障。

 进口的原木材料
 卧式龙门锯
 干燥处理

• 原材料分类

传统硬木家具使用的原材料主要由东南亚等地进口（图248），由于传统硬木品种的木材生长周期长、材料资源稀缺等特点，导致了其较高的成本。所以在原材料进场后，首先要对原材料进行合理的挑选分类，对于不同径级、曲直的材料提前进行计量规划，达到物尽其用的目的。

• 原木锯解

原木按照类型分拣完毕后，进入大型锯解破料环节，使用卧式龙门锯（图249），按照需要，将原木锯解成相应厚度的板材。

• 木材干燥

原木中含有较高的水分，通常达到50%以上，而空气中的含水率却远低于此（我国北方空气中的含水率约为8%~10%，南方约为10%~12%，西北约为6%~8%）。木材具有干缩湿胀的特性，而较高的含水率会导致木材不断地和周围的空气交换水分，并导致木材发生形变。较高的含水率也具有增加运输成本，引发腐烂、霉变、虫蛀等缺点，所以在原木锯解成规格材后要对原木进行干燥处理（图250）。

木材干燥主要分大气干燥和人工干燥两种方法。大气干燥是一种古老而又简单的方法，即将木材按照一定的方式堆放至通风、空旷的场院棚舍内，由自然风流经过材堆，使木材内的水分逐步排出，以达到干燥的目的。此方法虽然简单，不需要干燥设备，节约能源，但由于干燥周期过长、占地面积大、干燥过程不可控、受地域性和季节气候条件的影响较大等缺点，现在已经逐步被人

081

Chapter 1 家具的概念　Chapter 2 家具的发展与变迁　Chapter 3 环境·家具·人体　Chapter 4 家具设计　Chapter 5 家具制作　Chapter 6 建筑·街具·定制　Chapter 7 家具设计的教学案例　Chapter 8 家具设计的作品赏析

251 选材备料

252 压刨刨平

253 沟通图纸

工干燥所取代。人工干燥的种类繁多，按照干燥原理主要包括常规干燥、高温干燥、除湿干燥、太阳能干燥、高频与微波干燥、真空干燥、远红外干燥、压力干燥以及溶剂干燥等。人工干燥具有干燥过程可控，干燥周期短，干燥过程不受地域、季节与气候的影响，干燥的实际含水率可根据人为需求控制以保证干燥质量等特点，因此目前被广泛应用。

将锯解好的规格材按照一定的次序排列，中间放置厚度相等的木条增加干燥过程的通风性，并在顶端放置重物挤压木材，防止其在干燥过程中发生翘曲变形。由于木材端头更容易吸收和排出水分，为防止水分排出不均匀导致端头开裂，应对端头进行上漆或涂蜡密封处理。

● 选材备料

将 1:1 图纸模板用胶水平整地粘贴在 9mm 的多层胶合板上，用细木工带锯机沿图纸的曲线外沿锯成模板，操作时应保留图纸上的线。根据制作好的模板，在干燥合格的规格材中挑选合适的木材。在挑选过程中应遵循框架材需直纹中材，对称性的构件需对称的木纹木色，靠背板需弦切山纹纹理等准则（图 251）。

● 表面砂光

将挑选好的规格材、拼好的板材以及根据模板铣好的弯材分类堆放，并依次使用压刨机器对木材表面进行刨平砂光处理（图 252）。

● 沟通图纸

匠人师傅们大都有着几十年的木作经验，从他们手里诞生的器物不计其数，

254 五碟开榫锯
255 沿着模板铣型
256 砂带机修整磨平
257 刮粗磨

这给制作带来极大便利的同时也埋下了"惯性"理解图纸的隐患，所以设计师在每一款器物在开工前都要与师傅们充分沟通。只有达到对图纸的充分理解和对木材特性、榫卯结构的合理运用，设计者的巧妙构思才能和匠人师傅的精湛技艺完美融合（图253）。

• 铣型开榫

铣型开榫指木工师傅根据 1:1 图纸，借助五碟开榫锯（图254）、方榫钻床、镂铣机等设备对家具毛料进行打眼、开榫、铣型、拼板等木工加工处理。在制作的过程中应注意，如曲线形构件要严格按照大样图铣型（图255），对称构件选取的木纹纹理、木色要一致，拼板木纹要一致或对称并保证木色相同等。

• 粗磨

铣型开榫环节完毕后，应先对构件表面使用砂带机、粗砂纸进行磨平修整定型（图256），再使用刮刀进行刮粗磨磨光处理。注意修整定型需严格按照图纸进行，且砂光和刮粗磨时都应顺着木纹纹理走刀（图257）。

• 组装

各个构件粗磨加工完成后，就要进行组装（图258）。组装时，要在水平平台上进行操作，以保证家具的垂直平行。先要将加工好的家具构件进行无胶水试装，试装符合图纸要求后再进行施胶并用固定架夹紧，待胶水干后拆掉夹

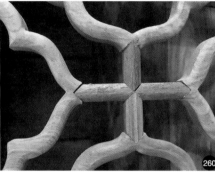

083

Chapter 1　家具的概念

Chapter 2　家具的发展与变迁

Chapter 3　环境·家具·人体

Chapter 4　家具设计

Chapter 5　家具制作

Chapter 6　建筑·街具·定制

Chapter 7　家具设计的教学案例

Chapter 8　家具设计的作品赏析

258 组装

259 严丝合缝的榫卯结构

260 不合格的榫卯结构

261 刮磨

262 打磨

263 烫蜡

紧支架，用铲刀铲除溢出的胶水，完成装配环节。在装配时，应注意榫卯结构要保证严丝合缝，不能留有黑胶缝，腿足的侧脚、收分要一致，否则会影响结构强度和美观（图259、图260）。

• 刮磨

此工艺目前主要由纯手工来完成，首先要借助蜈蚣刨、刮刀片等工具，刮除家具构件在铣型时锯齿留下的锯痕、戗茬儿波浪（锯齿在木头上留下的锯痕），使得家具表面更加平整光滑；其次是将构件间衔接的根脚清理干净；最后是进一步修整梳理构件的线形，达到进一步塑形的目的。注意在使用刮刀的时候，应使走刀的方向与木纹纹理一致，刮磨完成后家具表面不留刀痕，光洁平整（图261）。

• 打磨

打磨是在刮磨的基础上对家具整体进一步进行表面磨光处理。使用的砂纸分为180、220、320、500、600、800、1000、2000目，数字越大，砂纸砂粒越小，粗糙度越小。将刮磨好的家具按照从粗砂纸到细砂纸的次序，先用砂粒较大的砂纸打磨，整体打磨好后用布或毛刷蘸温水对家具表面进行擦拭，待水干后木材表面的木毛会立起，接着再用砂粒小一号的砂纸再次打磨。如此反复，至2000目后家具表面已呈现出自然的光泽。在打磨的过程中，应注意顺着木纹纹理的方向进行打磨，并保证根脚等位置全面到位，不留死角。打磨完成后，应借助纱布、吹风枪等工具将家具构件表面及缝隙在打磨过程中留下的灰尘污垢清理干净（图262）。

• 烫蜡

据史料载，烫蜡工艺早在商周时期就已出现，发展至明清时期，烫蜡技术已经相当成熟，并广泛应用到建筑、家具表面的防腐处理中。其所用的蜡有纯天然的蜂蜡（又称蜜蜡）和虫蜡两种。烫蜡所使用的蜡主要由蜂蜡和虫蜡按照一定比例混合后加热熔化炼制，而比例的拿捏决定了蜡壳的透明度和硬度以及光泽度。制作时，用鬃毛刷适当蘸取炼制好的蜡液，均匀涂饰家具表面，并用热风枪反复烘烤，使木材毛孔充分吸收熔化的蜡液。烫制完成后用棉布反复擦拭家具表面，去除浮在家具表面未渗入木材毛孔的蜡渍，并用鬃毛刷抛光（图263）。

天然蜡具有很好的透明性、抗水性和渗透性，不仅保留了木材天然优美的木纹纹理，给家具增添了一种质朴儒雅的文人美，而且渗入木材表面毛孔中的天然蜡隔绝了木材表面与外界环境的直接接触，起到了很好的防腐作用，并减轻了木制家具因为环境中湿度的变化所引起的干缩湿胀，从而避免收缩、膨胀导致的翘曲、开裂和变形等质量问题。值得一提的是，使用烫蜡工艺的家具在使用一段时间后，家具表面还会呈现出清透温润的光泽，行话称之为"包浆"（亦称"皮壳"）。

🔍 **小贴士**

传统实木家具

传统实木家具按照所使用的材料主要分为硬木家具和柴木家具。硬木家具所使用的材料主要有紫檀（学名檀香紫檀）、黄花梨（学名降香黄檀）、老红木（学名交趾黄檀）、鸡翅木、铁力木、乌木等。柴木家具所使用的材料主要有楠木、榉木、柏木、核桃木、榆木等。硬木不仅稀缺，而且具有密度高、硬度大、颜色沉穆雍容、应力小、纤维细腻、材性稳定等优良的特性，备受王宫贵族的青睐。而柴木家具多用于民间，并且多体现为"就地取材"，如江南地区的榉木、维扬地区的柞榛木、黄河流域的榆木等。

085

Chapter 1 家具的概念

Chapter 2 家具的发展与变迁

Chapter 3 环境·家具·人体

Chapter 4 家具设计

Chapter 5 家具制作

Chapter 6 建筑·街具·定制

Chapter 7 家具设计的教学案例

Chapter 8 家具设计的作品赏析

3. 竹藤家具

竹藤材料是价廉物美、经济实惠的制作家具的优质材料。与木材相比，竹藤更具韧性和弹性，可以弯曲、缠绕和编织，能够实现更加丰富多彩的美学效果。其加工工艺与木材有所差异（图264—275）。在我国浙江安吉等盛产竹子的区域，有许多竹家具、竹器皿的制造厂家，它们生产的产品远销海外。

二、制作工具

1. 木工手工工具

传统实木家具在制作过程中使用的手工工具种类十分丰富，按照不同的使用功能，古法实木家具制作所使用的手工工具包括锯类、刨类、凿铲类、尺类、斧子、牵钻、木锉、墨斗等（图276）。

- 锯类

根据结构类型的不同，锯类可分为框架锯、钢丝锯、镂锯。框架锯根据大小和锯齿规格的不同可分为：大锯，俗称"二人抬"，使用时两人各拉一端，主要用于破料和锯解板材；二锯，常用于开榫；小锯，用于断榫肩，又名"偏剔锯"。钢丝锯又名"锼弓子"，锯身一般由竹板制成，锯条用细钢丝剔出齿刺，故称之钢丝锯。因其锯条很细，可以轻松走线，主要用于雕刻拉花和铣型。

- 刨类

刨类主要由刨刃和刨床两部分组成。刨刃由金属锻制而成，刨床一般为木质。刨类根据功能的不同可分为：长刨，主要用于大幅度修正；净刨，主要用于表面净光；槽刨，主要用于开槽，根据槽口大小定刨刃宽窄；线刨，种类较多，线型不同，其造型也各不相同；蜈蚣刨，主要用于构件表面刮光处理。

- 凿铲类

凿和铲虽在外形上较为相似，但它们的使用功能却不同。凿的刀壁较厚，主要用于凿眼、铲削、挖空、剔槽等，且一般与锤子配合使用，是传统木工工艺中木结构制作的主要工具之一。相较于凿，铲的刀壁一般较薄，手柄较长，末端没有铁箍，常为手持操作挖、铣、修型，根据铲口形状的不同可分为圆口铲、平口铲、斜刃铲等。

- 尺类

尺类主要用于测量、划线。按照不同的使用功能又可分为大方尺（北方称"拐

🔍 **小贴士**

尺类

1992年5月，在扬州市西北8公里的邗江县甘泉乡发现了一座东汉早期的砖室墓，墓中出土了一件铜卡尺。此铜卡尺由固定尺和活动尺等部件构成，使用时，左手握住鱼形柄，右手牵动环形拉手，左右拉动，以测工件。此量具既可测器物的直径，又可测其深度以及长、宽、厚，较直尺更为方便和精确。其功能与现代游标卡尺极为相似，由此可见中国古代高超的科学技术和度量衡技术。

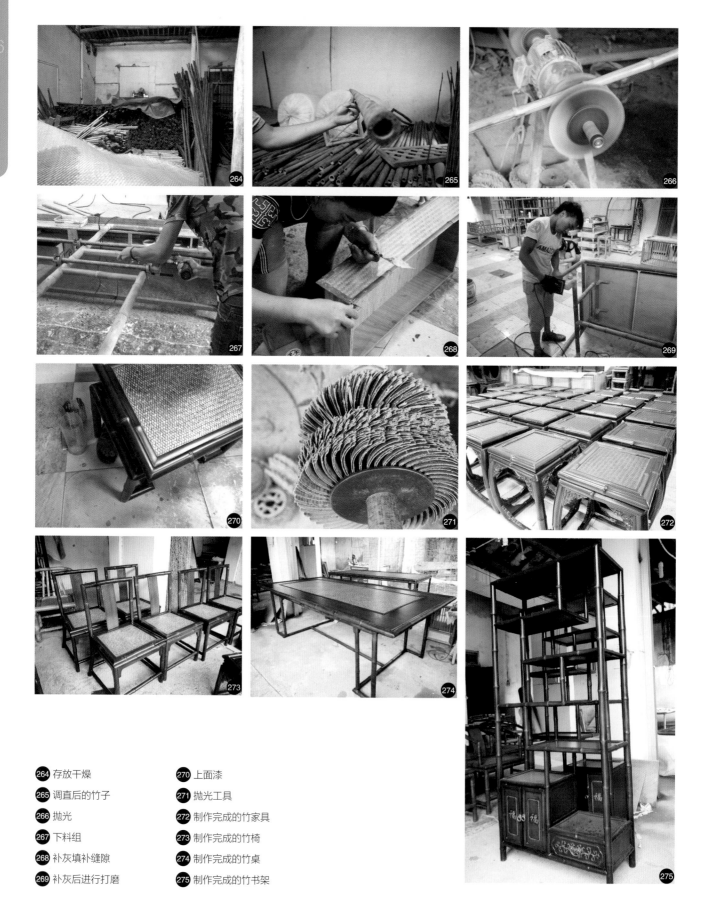

264 存放干燥

265 调直后的竹子

266 抛光

267 下料组

268 补灰填补缝隙

269 补灰后进行打磨

270 上面漆

271 抛光工具

272 制作完成的竹家具

273 制作完成的竹椅

274 制作完成的竹桌

275 制作完成的竹书架

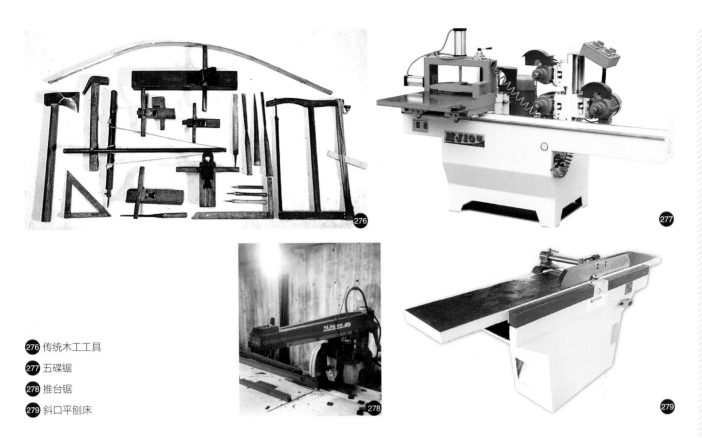

087

Chapter 1 家具的概念
Chapter 2 家具的发展与变迁
Chapter 3 环境·家具·人体
Chapter 4 家具设计
Chapter 5 家具制作
Chapter 6 建筑·街具·定制
Chapter 7 家具设计的教学案例
Chapter 8 家具设计的作品赏析

276 传统木工工具

277 五碟锯

278 推台锯

279 斜口平刨床

尺"）、方角尺（割角尺）、三角尺、多角尺（活角尺）、鲁班尺线勒子（划线器）等。大方尺主要用于校验家具构件组装时的垂直度，提高整体比例、尺寸的精准度。三角尺相较大方尺尺寸较小，更为灵活方便，主要用于划线、校验。多角尺一般由尺座和尺身组成，尺身可活动，多用于划线和校验非 90° 的角度。

2. 木工机械工具

随着科学技术的不断创新和发展，传统手工工具精度低、效率低、技术要求过高等特点，已经不能满足现今的市场需求，代替手工工具的木工机械工具越来越成熟。按照加工功能可分为：

• 锯切类：主要有大型的龙门卧锯、五碟锯、曲线锯、推台锯、圆盘锯等（图277、图278）；

• 刨床类：主要有普通平压刨、斜口平刨、自动平刨等（图279）；

• 铣床类：主要有立轴铣机、双头铣床、开榫机等；

• 砂光类：主要有普通砂带机、立卧砂带机、重型砂光机等；

• 木材处理设备：主要有电气化烘干房、烘干机、木材湿度测试仪等。

三、家具修复

家具修复是指针对家具结构或表面漆饰发生的一些损坏所进行的维修处理。在进行家具修复之前，首先要对已损坏的家具进行损因和损坏程度判定，常见的损坏包括油漆脱落、不明污垢、构件脱落、开裂、变形、霉菌和虫害导致的腐蚀等；然后根据损坏程度制定相应具有可行性的修复方案。

一些博物馆和私人收藏的文物家具的修复有别于一般家具的修复工作。因为文物家具上保留着历史的痕迹，往往具有很高的人文和历史价值，所以文物家具的损坏具有不可逆性，一旦修坏，损失不可估量。修复文物家具要尽量保留文物经多年使用留下的痕迹和润泽的外层，即俗称的皮壳或包浆，因此修复文物家具一定要遵循"修旧如旧"的原则。修复工作的第一步是清理，即去除家具上的尘土污垢，一般多使用气吹和鬃毛刷轻轻拂去灰尘，以保证家具包浆不受破坏。第二步一般为对于一些缺损的构件，尽量采用和原家具相同的材料补全，所使用的胶黏剂尽量为天然可逆的胶水。最后在补全的构件上用天然染料着色，并用与原家具形同的材料进行烫蜡或油漆的表面涂饰处理。另外，文物家具的运输打包也要格外注意，避免在运输过程中造成二次损伤（图280、图281）。

280 家具修复
281 家具修复

🔍 **课堂思考**

1. 按照材料种类，给自己生活中所使用的家具进行分类，绘制表格。
2. 参观家具生产车间，认识木材种类，体验家具生产制作的具体工艺流程。

Chapter 6
建筑·街具·定制

一、家具与建筑

家具可以被看成是缩小的、可移动的建筑,中国古代有一些雕花大床本身就像是一个房间,里面有层层进深,具有睡眠、洗漱、储藏、梳妆等多种功能(图282)。同样地,建筑也可以被看成是放大的、固定的家具,比如说中国有很多政府建筑造型就像一把端庄高耸的太师椅,中间主楼是高高的靠背,两边辅楼是可以凭倚的扶手(图283)。家具和建筑的这种同构性可以上溯到上古时代,有巢氏建造的可以躲避洪水猛兽的"巢"是现代床的渊源。后来中国古建筑发展出完整的木结构体系,把建筑、装修和家具看成是一体,它们有共同的榫卯构造和材份制度,差异只在于大小木作的精细程度。中国建筑师视木匠为始祖,鲁班是中国历史上有专业和行业意义的第一位建筑师。

1. 空间性

家具和建筑都具有空间性,如同老子的名言所说:"埏埴以为器,当其无,有器之用。凿户牖以为室,当其无,有室之用。故有之以为利,无之以为用。"在老子的眼中,器皿和建筑都是同构的,都有虚实之分。无论是器皿还是房屋,我们使用的都是它的空的部分,而空的部分需要实的部分来建构。家具广义上也是器皿的一种,我们也是利用它的空间来实现相关用途。椅子用上部的空间给人坐(图284),橱柜用内部的空间储存衣物(图285),双层床上下的空间都可以让人躺卧(图286)。

282 雕花大床

283 上海大厦

282

283

091

Chapter 1 家具的概念
Chapter 2 家具的发展与变迁
Chapter 3 环境·家具·人体
Chapter 4 家具设计
Chapter 5 家具制作
Chapter 6 建筑·街具·定制
Chapter 7 家具设计的教学案例
Chapter 8 家具设计的作品赏析

 284 椅子
 285 橱柜
 286 双层床
287 直跑阶梯
288 阳台

2. 身体性

　　家具具有身体性，是结构化的衣服。它塑造着人体的姿态，保护人的身体免遭环境不利因素伤害，其中也包括帮助人体骨骼和肌肉对抗重力。家具可以看成是介于衣服和建筑之间的一种结构物，衔接着人体和栖居需求之间的身体化空间。建筑也具有身体性，一堵厚重的墙让人想要依靠，一方整洁的地面让人愿意盘膝而坐，一段直跑阶梯让人迈步跨越（图 287），一块低矮吊顶让人感到压抑，一扇窗带来窥探外面世界的愉悦，一个阳台带来呼吸的舒畅（图 288）。这些建筑构件都紧密关联着身体的动作姿态，并且进一步影响着人的心理与行为。

3. 结构性

同建筑一样，家具也是人工建造的结构物，通过一定材料和构造的选择，具备一定的强度，实现力学的相关诉求。建筑的结构体系需要承载风、雪、地震、人体、家具等各种荷载，家具则主要承担人体荷载。虽然家具并不强调几十年以上的恒久性，但是在一定的使用期限内，家具的坚固性仍然是设计需要重点考虑的内容。一个具有创意而且造型优美的结构形式选择，会显著提升家具作品属性。比如丹麦设计师维纳·潘通设计的潘通椅（图289）是一次性模压成形的强化聚酯塑料悬臂椅，它经历过许多次失败的实验，反常的悬挑力学特征挑战了人们的视觉体验，它高贵妩媚的身姿宛若长裙拖地，孤芳自赏的美让人惊艳，它抽象雕塑般的造型重塑了人们对椅子的认识，其动人心魄的结构堪称世界之最。

4. 建筑师和家具设计师的比较

建筑与设计学者方海指出："在第一代现代建筑大师如柯布西耶和阿尔托之前的这批现代设计先驱们的设计生涯中，他们大多由艺术和建筑入手，却在家具和产品设计方面取得丰硕成果。而对第一代建筑大师而言，他们在相当程度上则是由家具设计入手，随后都在建筑和城市设计方面成就非凡。"这也就意味着，工业化推动的现代主义运动从与人的生活起居密切相关的家具和产品开始，逐渐影响到建筑和城市，并最终成为席卷世界的设计思潮。许多建筑师和家具设计师在这当中，身兼不同的角色，涉足不同的领域，为世界留下了丰富的设计遗产。

289 潘通椅
290 菲尔德设计的椅子
291 麦金托什设计的椅子
292 路斯设计的餐椅

• 现代主义之前

现代主义之前的著名建筑师和理论家凡·德·菲尔德（Van de Velde）（图290）、阿道夫·路斯（Adolf Loos）、查尔斯·麦金托什（Charles Rennie

093

Chapter 1 家具的概念　Chapter 2 家具的发展与变迁　Chapter 3 环境·家具·人体　Chapter 4 家具设计　Chapter 5 家具制作　Chapter 6 建筑·街具·定制　Chapter 7 家具设计的教学案例　Chapter 8 家具设计的作品赏析

Mackintosh）（图 291）等人，其最重要的设计作品都是家具，他们在设计哲学上力求去除装饰，拥抱简洁，强调实用的理念，对后来的现代主义大师们发展出完整的现代主义设计方法和理论影响深远。比如路斯（Adolf Loos）为咖啡馆设计的餐椅，造型新颖、线条流畅，轻便简洁，兼具工业感和工艺感，生动地印证了他的名言"装饰就是罪恶"（Ornament & Crime）（图 292）。

• 现代主义

现代主义建筑设计大师阿尔瓦·阿尔托、密斯·凡·德·罗（Ludwig Mies Van der Rohe）、柯布西耶（图 293）等人，在继承先辈精神遗产的基础上，推陈出新，不断探索，成为现代主义建筑的实践者和集大成者。而他们设计的家具作品虽然没有建筑设计影响力大，但是具有一定的同构性，也表达了他们的设计观念，同样风靡世界，受到消费者的喜爱。比如密斯本人就是石匠家庭出身，后来又在家具设计师布鲁诺·保罗（Bruno Paul）的事务所实习，因此他受过比较完整的家具设计训练，而且对材料具有天生的敏感性。他为 1929 年巴塞罗那世界博览会设计的德国馆（图 294）和巴塞罗那椅（图 295），都表现出材料的高贵典雅、工艺的细腻考究，已经成为设计史上的不朽作品。

• 后现代主义

进入后现代主义时期，更多的建筑师通过家具设计来表达自己的空间观念和设计思考。比如著名解构主义建筑师弗兰克·盖里（Frank Gehry）、扎哈·哈迪德（图 296）、日本建筑师安藤忠雄（Tadao Ando）（图 297）等人，都有精彩的家具设计作品问世。盖里设计的"轻松边缘"（Easy Edges）系列椅用 60 层左右的硬纸板弯曲成流畅的线条，挤压和绵延向上的造型带来一种生命力量，而生态化的材质运用也让人有更好的抚触感。当代活跃在不同设计领域的著名设计师托马斯·海瑟威克（Thomas Hetherwick）本身是学习工艺美术出身，曾经设计了 2010 年上海世博会的英国馆以及 2015 年米兰世博会的陀螺椅（图 298），他在不同领域亦庄亦谐、轻松幽默的探索和实践，拓展了设计师的视野，丰富了设计的内涵。

293 柯布西耶设计的躺椅
294 巴塞罗那德国馆
295 巴塞罗那椅
296 哈迪德设计的沙发
297 安藤忠雄设计的梦想椅
298 托马斯设计的陀螺椅

293

294

295

296

297

298

• 差异化的视角

尽管许多设计师身兼建筑师和家具设计师两职，但是需要指出的是，两种看待家具的视角并不相同。建筑师常常会为特定的场所设计家具，比如阿尔托为他的建筑作品"帕米奥疗养院"设计了帕米奥椅（图299）和护士手推车（图300），这些家具往往是针对特定空间进行的细节补充和技术深化，具有独特性，不一定能进行大规模的推广和销售；而家具设计师思考家具问题并不依赖于特定的场所和环境，他们更多地考虑如何通过家具设计来改变人的生活方式，他们的家具作品往往能够适应各种不同的环境，可以通过不同的销售渠道进行贩卖，具有更强的通用性和普适性。

二、街道家具

过去我们对街道上配置的座椅、电话亭、公交站牌等设施的看法着眼于"公共服务设施"，主要设置在人行道上以满足行人相关的配套服务需求。后来我们发现这些设施在满足人们的功能需求以外，还会影响环境审美，从而改变人对整个街道环境乃至城市环境的看法，于是把城市街道看成"家"，把"公共服务设施"看成"街道家具"的观念开始传播推广。

世纪之交以来，随着街道和广场上的设施不断增多，以及景观设计、城市

🔍 **小贴士**

跨界设计

古往今来，建筑师跨界家具设计者大有人在，家具设计师跨界建筑设计者也并非凤毛麟角。除了尺度上的差异，建筑和家具之间的确有其相似之处和相通之理，投身设计触类旁通者也不乏其人。但是跨界设计往往需要跨越的不是技巧和专业的障碍，更多的是需要跨越认知和理解的局限。真正的界限不在外部，而在设计者的内心。

299 帕米奥椅
300 护士手推车
301 巴黎香榭丽舍大道的公交车站
302 日本六本木街区的街道座椅

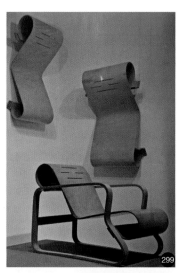

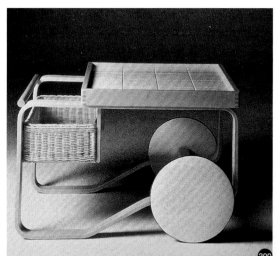

095

Chapter 1 家具的概念　Chapter 2 家具的发展与变迁　Chapter 3 环境·家具·人体　Chapter 4 家具设计　Chapter 5 家具制作　Chapter 6 建筑·街具·定制　Chapter 7 家具设计的教学案例　Chapter 8 家具设计的作品赏析

设计、环境设计等专业的不断成熟发展，作为环境景观一部分的街道家具设计也受到重视。尤其是在深入了解了一些世界知名的城市街道的家具设计，比如巴黎的香榭丽舍大道、东京的银座大道、纽约的第五大道之后，国内的规划师和设计师也更加关注包括街道家具在内的城市细节设计，因为相比起宏伟的上帝般的规划视角，这些细节才是触及人体、打动人心的关键部分。街道家具的设计能够体现城市的文明程度、文化品位以及市民的生活趣味。很多城市专门邀请设计师和艺术家进行街道家具的设计，比如巴黎香榭丽舍大道的公交车站（图301）就是由英国建筑大师诺尔曼·福斯特（Norman Forster）设计的；日本六本木街区的街道座椅（图302）则是邀请了许多世界知名的设计师、艺术家合作完成，从而为这个街区增添了浓厚的艺术品位和时尚风情；上海海上海创意社区的街道家具（图303）由中央美院的环境艺术家围绕电影主题来设计，为园区营造出主题化的氛围；中国美院的教师则参与设计了西湖边的街道家具，从而提升了人间天堂的环境之美（图304）。

1. 街道家具的定义

街道家具（Street Furniture）这个词源于19世纪60年代的英国，加拿大多伦多市政协会把街道家具定义为：安装在公共通行权区域，为公众提供便利和使用的不同要素，这些要素包括但不限于过渡雨篷、垃圾桶和长凳（图305—307）。一般来说，我们认为街道家具具有公共性、便利性（功能性）和美学性等关键特性，其中街道家具的公共性是有别于室内家具的重要特征。因此，街道家具往往也被当作是一种公共艺术，坚固耐久和大众审美成为设计师思考的首要因素。作为一种公共环境产品，街道家具设计牵涉到城市规划、建筑学、景观学、环境行为学、产品设计学等学科，是一个综合性的设计方向。

2. 街道家具的分类

根据2008年中国住建部颁布的城市容貌国标，设置在道路和公共场所的交通、电力、通信、邮政、消防、环卫、生活服务、文体休闲等设施都属于街道家具范畴。广义而言，我们通常把街道家具分为市政衍生类、交通服务类、保洁管

303 上海海上海创意社区的街道家具
304 西湖边的街道家具
305 雨篷
306 垃圾桶
307 户外座椅

308 邮筒

309 景观路灯

310 非机动车停车位

311 导示牌

312 废物箱

313 公共健身休闲器具

314 街道座椅

315 电话亭

316 公共艺术

🔍 小贴士

街道家具

街道家具是街道上与人体关系最为紧密的服务设施，这一提法把街道从车行的处所又拉回人行的空间。街道作为人们参与城市生活的最重要载体，其舒适性和活力一直以来都是设计师追求的目标，尤其是在实体城市与虚拟空间的竞争中，街道更需要相当数量的街道家具吸引人们的感官，留住人们的身体。

097

Chapter 1 家具的概念

Chapter 2 家具的发展与变迁

Chapter 3 环境·家具·人体

Chapter 4 家具设计

Chapter 5 家具制作

Chapter 6 建筑·街具·定制

Chapter 7 家具设计的教学案例

Chapter 8 家具设计的作品赏析

理类、健康休闲类、商业零售类和公共艺术类。比如邮政电信设施（图308）、供水供电设施、道路消防栓、路灯（图309）等属于市政衍生，公交车站、非机动车停车位（图310）、机非隔离栏、空间导示牌（图311）等属于交通服务，废物箱（图312）、公共厕所等属于保洁管理，公共健身休闲器具（图313）、座椅（图314）属于健康休闲，书报亭、售货亭、电话亭（图315）属于商业零售，城市小品及雕塑属于公共艺术（图316）。今天，街道家具的设计呈现出生态化、主题化和艺术化的发展趋势，以新的视角装扮着我们的城市环境空间。

三、从工业化到定制化

目前在制造业的发展中存在三个方面的矛盾，分别是：

- 规模化与定制化之间的矛盾

- 共性与个性之间的矛盾

- 宏观与微观之间的矛盾[3]

随着信息技术发展，复杂流程管理、庞大数据运算、决策过程优化、行动快速执行等都可以借助于新的智能系统来解决，传统的、静态的、刚性的产品制造未来将被新型的、动态的、柔性的定制逻辑所取代。

家具产品的制造，从目前的发展趋势来看，也在逐步脱离批量化、标准化的生产。随着用户需求的分化，具有个性与特色的家具市场正在成形，定制化、设计制造一体化的家具产品供给必将成为主流（图317）。

3 ［美］李杰（Jay Lee）.工业大数据：工业4.0时代的工业转型与价值创造［M］.机械工业出版社，2015。

316

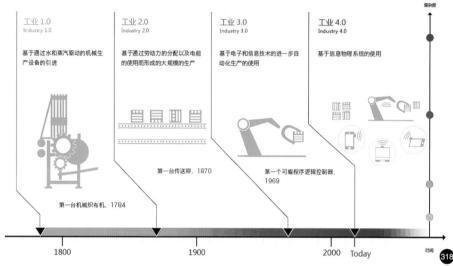

317 定制家具

318 工业发展 1.0—4.0

1. 工业化发展的几个阶段

自从工业革命以来，工业化发展经历了机械化、装配化、智能化、定制化和价值化的发展阶段，也就是从 1.0—4.0 的发展阶段。工业 1.0 对应着以蒸汽机为代表的机械化制造，这一阶段实现了产品的规模化生产；工业 2.0 对应着以流水线为代表的装配化制造，这一阶段通过流程化质量管控，实现了产品的精益生产；工业 3.0 对应着以计算机、信息技术为代表的信息 / 实体制造，这一阶段通过数控机床解决了不同规格产品生产的多样性问题；而未来的工业 4.0 则对应着以网络化、大数据、3D 打印技术为代表的价值创造，通过一条生产线同时生产多种产品，关注重心从生产核心进入需求核心（图 318）。

2011 年，德国在汉诺威工业博览会上第一次提出工业 4.0 的概念，在全球范围内拉开了第四次工业革命的序幕。类似的理念和实践，在美国被称为信息物理系统（CPS，Cyber Physical System），在我国被称为中国制造 2025 战略。作为国家战略，这一技术体系的实施必将深度改变世界制造业的格局，对所有产品的生产制造产生颠覆性的影响，为我国从制造大国向制造强国的转变指引方向。

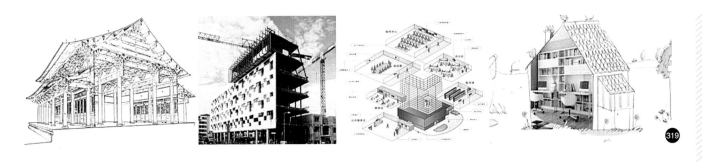

099

Chapter 1 家具的概念

Chapter 2 家具的发展与变迁

Chapter 3 环境·家具·人体

Chapter 4 家具设计

Chapter 5 家具制作

Chapter 6 建筑·街具·定制

Chapter 7 家具设计的教学案例

Chapter 8 家具设计的作品赏析

319 建筑升级的过程：传统建筑→装配建筑
→智能建筑→定制建筑

2. 从产品定制到空间定制

　　来自产品领域的定制（Customized）概念是大数据技术支持下的个性化制造方式，如成衣定制、汽车定制、家具定制等。不仅产品可以定制，空间亦可定制。空间的可选择性和选择的多样性是城市高密度聚居的重要价值之一，把选择心理和身体延展相关联是定制的基础。过去的城市设计通常以精英标准来提供空间产品，由于没有即时感应和数据支撑，忽略了使用者环节，城市体验对于普通人来说缺乏参与感和获得感。今天的大数据技术能迅速匹配空间和使用者需求，让选择（心）和产品（物）匹配，定制最佳方案，创造良好的客户体验（图319）。

　　定制化意味着族群化。现代主义普及文明，后现代主义则致力于创造出界限和差异。地域主义、小众价值、社群化、汉唐风、蒸汽朋克这些词语都反映出被划分和限定的、建立在时空和族群基础上的设计趋势。很难再有打动所有人的普适性的设计语言，设计在追求量身定制的风格语言，为客户创造存在感和认同感。

　　定制化也意味着快消（快速消费）化。城市空间环境在反复定制的过程中不断被否定和修正，成为具有灵活性与展览化的存在。互联网时代的土地规划和环境设计追求方正均质的小地块，办公、商业、研发空间青睐简洁高效的形态，不再追求所谓的权力标志。空间定制并不是异想天开的臆测，而是一系列选项编码排列的结果，是具有可选择性的需求菜单的生成。

　　以国内第一家采用数码技术为用户提供定制化家居服务的企业——尚品宅配为例，他们在网络上建立虚拟卖场，用户可以在3D漫游、虚拟现实技术的支持下在虚拟空间中选择家具、软装和硬装风格，可以在网络海量建材环境中进行虚拟装修和在线下单，还可以把自己的空间需求发送给网络和企业，与其提供的无数设计师资源进行匹配，获得定制化的设计方案。通过这种方式，尚品宅配减少了场地、库存和管理成本，在虚拟空间中以用户体验为核心提供服务，并且不断获得更多的数据资源，经过数据分析比对，更精准地对接不同族群的需求，创造和引领未来空间发展潮流（图320）。

　　今天，人们在物质需求基本得到满足的条件下，对于设计产品更多地寻求一种情感的、文化的满足。因此，同服装、汽车、器皿、电子产品等生活消费品一样（图321、322），越来越多的家具产品转而在艺术性和实验性上进行探索，

设计师希冀通过设计作品表达自己对生活的体验、对未来世界的畅想，同时触及消费者内心。具有通用性和专属性的家具作品都在不断涌现。为成熟市场不断设计改良家具产品的设计师和探索未知市场的设计师本质上都需要在熟练掌握专业设计技巧工艺的基础上，体察社会，洞悉人性。身处转型激变的社会，唯有敏感于当下，才能发轫于未来。

320 尚品宅配

321 特斯拉汽车

322 三宅一生设计的梯裙

小贴士

定制

定制是制造业和现代服务业的融合，是制造业发展的高级形态。在大数据、人工智能和 3D 打印等技术的支持下，制造业有能力摆脱生产本位的模式，转向需求本位的模式。定制，不仅仅是提供一件产品，更是提供一种问题的解决方案。比如，定制汽车不仅提供一台成形的汽车产品，通过获取驾驶数据，还能够从产品的形态角度给出改进驾驶习惯以确保安全的建议，推荐符合人机工程学的姿势，以及节油节电的速度指标。同样地，定制一把椅子也是提供一种使坐姿舒适和符合审美趣味的"坐"的方案。

课堂思考

1. 对阿尔瓦·阿尔托设计的帕米奥疗养院建筑和家具进行分析和评价。

2. 选择一件生活中的街道家具绘制轴测图，并探索和绘制其分解图。

3. 对尚品宅配的家居体验模式进行图解和分析。

Chapter 7
家具设计的教学案例

通过对本章两个教学案例的梳理及思考，对作品化的设计结果和服务性的设计过程有所体会和思考。理解创新设计的理念和方法，训练赏析家具美学的能力。

1. 体验设计与服务设计的内涵。
2. 创新设计的方法和实践。

一、定制一把椅子 —— 上海美术学院教学案例

2017年9月18日，上海美术学院教学案例展展出了"家具设计"课程案例，任课教师程雪松和岑沫石在多年的课程教学中，贯彻设计的诗意、匠心和哲思，让本科生通过造物的过程，理解人与自然、人与工具设备、人与人、设计与服务之间的互联关系。展览以图片、实物、模型和空间环境的形式，传达了课程教学的目标和脉络（图323）。

以下列举的出自学生之手的案例清晰地传达出家具和身体之间的同盟关系，身体性既使人工家具蕴藏了自然造化的独特能量，也成为设计师和艺术家慧眼独具、匠心独运的灵感之源。"正是身体给那些来自抽象的概念和逻辑形式的字词提供更为丰富的反馈、内涵和意义，也正是身体使人们能够进入或能够感受一种难以想象和难以表达的复杂的场景和境地。"[4] 年轻的设计师们在身心参与、物我交融的设计过程中，通过手中的作品，反观自己的内心，体会身心与自然互动、与天地交流的状态。建筑设计、城市设计的尺度太宏大，容易让人迷失，平面设计、数码设计又仅仅止于视觉冲击，往往压抑了身体其他感官的通道。家具设计的迷人之处在于让人触得着自己，又须不懈突破自己。设计师可以在与自我（身心）、自然的纠葛牵连中，发现造化的奥秘，打磨生命的力量。

323 教学展

323

---

4 张之沧，唐涛. 论身体思维［J］. 学术研究，2008（04）：30-35.

1. 课程介绍

• 简介

　　上海大学上海美术学院（Shanghai Fine Arts Academy of Shanghai University）环境设计专业的"家具设计"作为室内设计方向的重要课程，旨在培养学生的空间审美能力、人体工程技术素养和对材料结构的理解能力。过去该课程的教学方法主要偏重于家具形象描摹和家具图纸设计。从近年来的"家具设计"课程开始，教学中引入家具实体1:1模型制作环节，以训练学生对材料和结构的了解和深入思考。

　　椅子是家具当中最难设计的产品，因为它直接关联于人"坐"的方式和生理心理体验。在结构上，椅子设计需要考虑坐或者躺、室外或者室内、手握或者手扶的不同感受。在造型上，椅子设计需要与环境相和谐，并突出设计者或渊渟岳峙，或笑看春风的心态。在生产制造上，椅子设计需要考虑节能省材及可持续设计，椅子既是家居文化的凝结，又是当代制造业发展的缩影。

　　本课程首先要求学生选取现实生活中的座椅进行测绘，着重揣摩各种材料和构件的连接节点问题，并通过分析图的方式进行演绎和表现（图324）。其次要求学生自行设计一把椅子，以"实用、坚固、美观"作为评价标准。在产品呈现以后，设计者被要求坐在自己的设计作品上体验，并提出改进设计的可能。设计教学中穿插苏州博物馆参观及航管红木家具厂（图325）、林通古典家具厂调研（图326），让学生亲身体验工厂产业化生产过程中家具产品从图纸设计、制版清样、构件加工到装配组合的全过程，从而深入理解产品设计制造业发展的重要作品，也认识到工业化生产对设计本身的调节和修正作用。

　　设计教学还邀请了外校专业家具设计师及教师来我校做题为"产品与时代"的讲座。从西方文艺复兴家具、中国传统明清家具介绍，到当代多元文化影响下的家具设计，讲座开阔了学生的眼界，拓展了教学的内涵。学院先后邀请过多少设计创始人侯正光（图327）、同济大学创意设计学院莫娇、上海云间美术馆陈兴叶（图328）、航管红木设计师徐苏斌（图329）等参与教学讨论。

324 座椅测绘和分析
325 参观航管红木家具厂
326 参观林通古典家具厂

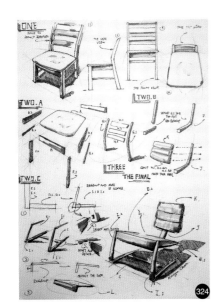

103

Chapter 1　家具的概念
Chapter 2　家具的发展与变迁
Chapter 3　环境·家具·人体
Chapter 4　家具设计
Chapter 5　家具制作
Chapter 6　建筑·街具·定制
Chapter 7　家具设计的教学案例
Chapter 8　家具设计的作品赏析

我们认为，从纸面到空间的模型设计、制造企业生产调研、专家讲座等教学模式，应当贯穿我们今天环境艺术设计教学实践的整个过程。这样既能使学生充分体会环境空间的具体界面和介质、了解图纸设计与产业化生产的互动和耦合关系，又能让设计教学真正与实践结合，与生活结合，使学生走出简单审美的狭隘认知，迈向具备协调、执行能力和社会责任感的职业设计师之路。

● 目的

在上海美术学院环境设计专业教学中，"家具设计"属于专业必修课。但是有别于产品设计、环境设计中的"家具设计"。教学目标并非要求学生精确掌握家具产品设计、打样、制造等产业链流程的专门知识技能，而着重培养学生带着产品思维进行环境设计的创作能力，能够兼顾身体体验和审美需求塑造环境作品。学生通过对二维图纸的思考研究和身体力行的建造感受，深入理解空间容器的材料性、工艺性和社会性特点，建立身体体验——空间——心灵认知三位一体的自我培养目标。制作一把椅子，定义一种生活方式，一种"坐"的可能，成为实现这一培养目标的必要环节，成为教学中让学生体验家具工艺、家具空间和家具美学的实践载体。

● 特色

首先，学生在这种小规模建造中，对空间、材料、工艺、表达等问题的理解更加深入，师生也更进一步地领略到环境设计专业的内核：它"作为诸多艺术形式的一种，其特征在于，它是整体的，而不是局部的；是复合感官的，而不是视觉的；是深入体验的，而不是旁观的"。[5] 其次，早先的题目是让学生为自己设计一把椅子，近几年改为让学生为伙伴或者家人设计一把椅子，目的是

327 侯正光讲座
328 师生参观上海云间美术馆
329 师生与家具设计师座谈

5　程雪松.以"参与、实践、艺术"并重的教学构建体验性环境艺术教学新体系[J].装饰，2009(01)：100-102。

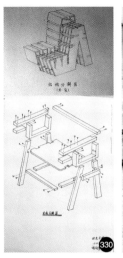

330

331

332

330 学生绘制的构造分解图

331 学生在制作家具

332 在技师帮助下进行加工

105

Chapter 1 家具的概念

Chapter 2 家具的发展与变迁

Chapter 3 环境·家具·人体

Chapter 4 家具设计

Chapter 5 家具制作

Chapter 6 建筑·街具·定制

Chapter 7 家具设计的教学案例

Chapter 8 家具设计的作品赏析

培养学生观察他人的意识和能力，学生的设计对象由"以我为中心"走向"为他人服务"，这样可以让学生比较复合性地体会艺术家与设计师的角色变化，理解设计学科的伦理内涵，逐渐具备服务思维和产品思维的综合能力。

本课程曾获得 2008 年度上海大学教学创新课题"环境艺术的案例教学研究"和 2017 年度上海大学本科教学改革项目"'环境设计专业人才培养标准'教学实践研究"支持，学生作品曾获得 2014 年 "为中国而设计"第六届中国环境艺术设计展佳作奖，并入选 2017 年上海美术学院本科生教学案例展。

● 课时

本课程分五周开展，共计 70 个学时，包括 60% 的课堂教学，20% 的调研考察，20% 的交流讨论。另外安排一定量的课后作业。

五周课程大体安排如下。

（1）第一周 介绍世界家具发展脉络和知名家具作品，同时参观家具厂和家具博物馆，主要包括上海博物馆家具展厅、上海云间美术馆、文定生活广场半木家具展厅、青浦航管红木家具厂、闵行林通古典家具厂等。

（2）第二周 讲解家具和人体及环境之间的关系，让学生测绘教室家具，研究其构造连接方法，并对教室家具提出具体的优化改进措施（图 330）。

（3）第三周 讲解家具设计过程和方法，进行家具概念设计，对设计服务对象进行访谈调研，在图纸上绘制设计思路和想法，选择相应的工艺方法。

（4）第四周 讲解家具制作过程和方法，进行深化设计和制作（图 331），在技师帮助下深化设计座椅，并进行制作（图 332）。

（5）第五周 围绕家具问题进行延伸讨论，思考家具和建筑、家具和街道家具、家具产品发展趋势等问题，完成设计，进行完整汇报，邀请设计师进行课程答辩。

2. 教学点评 1——容纳身体的"场所"

椅子不仅是一件坐具，更是一处容纳身体的"场所"，一方安放四肢和躯干的小小天地。椅子的空间性和近体性让它比建筑更吸引人、更贴近人。总体来看，座椅设计通过身体器官的模拟、身体姿态的引导、运动方式的拓展、行为活动的影响等不同着眼点来塑造与身体的关联，并最终形成特定的"场所感"。而同建筑不同的是，这种场所感因为"坐"的行为姿态而更具有可知可感的张力。

• 形象构思模拟器官

（1）张薇作品：学生尝试从身体部位和器官形象中发掘创意源，以此来表达自己的设计主张。比如张薇从古代侍女头发样式中得到启发，对专业教室里的废旧绘图椅进行改造，利用彩色电线进行编织捆扎，设计制作了"发髻椅"，远看果然很像峨冠高髻的唐代美人，姿态雍容，古意盎然（图333）。

（2）张宜君作品：张宜君采用包装纸为材料，设计制作的"高脚椅"则更显时尚。它既像脚弓峭立的美足，又像行走江湖的战靴，精心设计的企口穿插纸板构件，不仅加强了整体造型的结构稳定性，而且分隔出摆放小物品的实用空间，具有粗犷中透出妩媚、素朴中显露时尚的视觉效果（图334）。

无论是古代侍女温婉的发髻，还是当代潮人时髦的美足，都赋予了座椅器官化的身体意识，座椅在这些作品中已经成为人体的独特组成。

• 造型语言引导姿态

（1）费陈丞作品：成长在休闲时代的90后学生们对身体坐姿的理解更趋风格化，甚至具有人格化特征。费陈丞对家乡安吉的竹材料情有独钟，运用加热弯曲技术设计制作了"竹躺椅"。椅身和脚凳可分可合，合并形成一条符合人体背部形态的完整曲线，分离则形成互相守望的两个有趣装置，让人躺的姿势能产生多种可能性，同时简洁的线构成语言和乡土竹材料的结合，产生一种既坚守地域文化，又拥抱现代文明的效果（图335）。

（2）李明颖作品：来自台湾的李明颖设计制作了一把"乡村椅"，椅座和椅背之间、它们与主体结构框架之间适度分离，不经意间露出金属连接件，形成一种不修边幅、悠闲不羁的手工感觉；加大的椅座略微悬挑，粗壮的椅足向内收分，让人自然想要盘腿或者蜷缩而坐，纹理丰富、木节暴露的椅身更显田园气息（图336）。

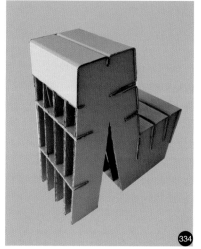

333 张薇设计的发髻椅

334 张宜君设计的高脚椅

335 费陈丞设计的竹躺椅

336 李明颖设计的乡村椅

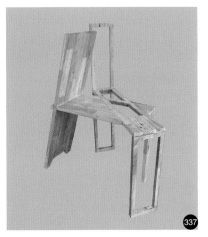

（3）李嘉馨作品：李嘉馨的"互文椅"则把实体和镂空的两把椅子按45°交角镶嵌纠缠在一起，实体椅子中规中矩，外貌普通；虚体椅子剔透空灵，却无法落座。它们相互支撑和依靠，你中有我、我中有你，如同道家的"阴阳"。椅子摇摇欲坠的姿态让人很难选择坐的方位和角度，也许这正是设计者想传达的哲学思考："我"需要选择合适的方式同自己相处，肉身和灵魂才能共同塑造真我，正如我也要审慎选择和这把椅子相处的方式一样。的确，在时空碎片化却又万物互联的时代，人人、人物，甚至物物的相处都变得艰难，只有打破工具化的藩篱，才有可能形成一种良性的互动，给身体和心灵一种恰如其分的止息方式（图337）。

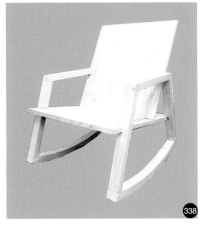

● **构造方式拓展运动**

（1）王长言作品：王长言的"摇椅"灵感来自拉尔夫·瑞普森（Ralph Rapson）设计的快摇椅（Rapid Rocker Chair），但是她以水曲柳硬木代替弯曲层压木和软垫，用榫卯木结构代替金属连接件，塑造了一把造型简洁大方、工艺朴素细腻的摇椅，与其他的摇椅相比，它显得更加结实硬朗，充满阳刚之气（图338）。

（2）兰瑞钰作品：兰瑞钰的"水管椅"采用铸铁水管和木板为原材料，以线面造型为构成要素，形成一个类空间装置的作品。椅座木板可以灵活拆卸，在不同的摆放状态下给人提供不同的使用方式，直立时可以做圈椅，躺倒时可以做架脚凳，虽然体感未必舒适，但是多样化的使用方式也让人体有了多种活动的可能（图339）。

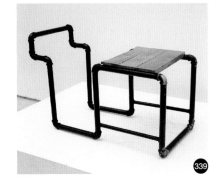

● **功能考虑影响行为**

（1）李忆雯作品：李忆雯把照明和摇椅结合在一起，为织毛衣的母亲打造了一款"灯椅"，拳拳孝心随着氤氲光线弥漫（图340）。

（2）金倩惠作品：金倩惠的"玄关椅"把放拖鞋的搁架、放伞的洞口和座椅整合在一起，为居家玄关空间配备了一把多功能的"长凳"，体现了对生活的

107

Chapter 1 家具的概念

Chapter 2 家具的发展与变迁

Chapter 3 环境·家具·人体

Chapter 4 家具设计

Chapter 5 家具制作

Chapter 6 建筑·街具·定制

Chapter 7 家具设计的教学案例

Chapter 8 家具设计的作品赏析

337 李嘉馨设计的互文椅

338 王长言设计的摇椅

339 兰瑞钰设计的水管椅

340 李忆雯设计的灯椅

341 金倩惠设计的玄关椅

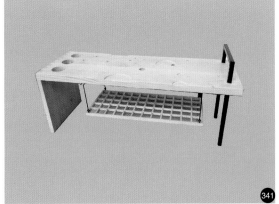

体察入微和兴味意趣（图341）。

（3）简爱作品：简爱则设计制作了两把可咬合的"双人椅"，给情侣和伙伴提供了相对阅读、相互切磋的亲密空间（图342）。

这些设计在妥善考虑椅子的各种延伸功能的同时，也让使用者有了更多行为方式的可能。

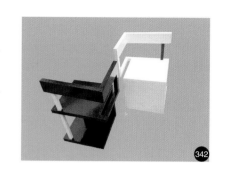

3. 教学点评 2——安放心灵的"境域"

除了容纳身体，巧夺天工的椅子更是安放心灵的"境域"。因为它能够通过打动人的心灵知觉，扩张本身有形有限的"坐"的空间，塑造关联情感和知识的无形无限的环境领域。有时候不可思议的是，一套大房子能让人容身却无法安心，而一把小椅子却能做到让人身心皈依。这一悖论式的现象背后是"情"和"境"的割裂或者关联。因此，在设计和制作一把令人动心动情的椅子时，需要考虑触动感觉的材质、启发感知的符号、激活感受的自然灵感和塑造感动的极致体验。只有通过这些设计手法，才能突破局限的物理和生理空间，代入更加丰富包容的心理和文化空间。

342 简爱设计的双人椅
343 闻依依设计的乐高椅
344 张欣设计的插花椅
345 夏威宇设计的绳椅
346 王延青设计的苏博椅
347 朱菡菪设计的胡琴椅
348 钟婷婷设计的自行车椅

● **独特材质关联感觉**

（1）闻依依作品：闻依依对于单元化的模块一直抱有兴趣，她的"乐高椅"把168个塞满海绵的彩色正方体布袋缝制拼接在一起，组织起来一张完整的沙发椅。明丽的色彩和模块化的造型远看像放大的乐高玩具，身体接触的感觉也因为软质材料的使用而变得慵懒且舒适（图343）。

（2）张欣作品：张欣的"插花椅"则更像一瓶孤芳自赏的插花。她使用了竹子、纸板和线等材料设计制作了这个作品，带给人的不是刀砍斧劈的强烈视觉体验，而是清新高洁、袅袅婷婷的细致身体感觉（图344）。

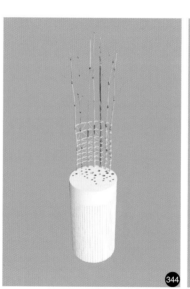

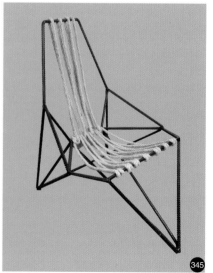

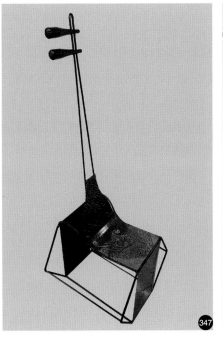

109

家具的概念 Chapter 1

家具的发展与变迁 Chapter 2

环境·家具·人体 Chapter 3

家具设计 Chapter 4

家具制作 Chapter 5

建筑·街具·定制 Chapter 6

家具设计的教学案例 Chapter 7

家具设计的作品赏析 Chapter 8

（3）夏威宇作品：夏威宇的"绳椅"则更有冷兵器的特点，采用钢筋和麻绳这两种粗粝的材料，经过锻造、焊接和编织，形成了一件粗细、黑白、松紧、硬软线条对比强烈的作品。线构成的造型模糊了空间感，对比材质的运用强化了作品的张力，精心设计的松弛绳结带来田园吊床般的闲适，黝黑坚硬的钢筋却又仿佛在强调无法逃离的钢筋森林，切割着背景的天空（图345）。

这些设计者都从材料本身的性能出发展开设计，在与材质的近身肉搏中塑造出作品自然萌发的生命力。

● 符号装置启发感知

（1）王延青作品：王延青解构和重组了贝聿铭的苏州博物馆建筑符号语言，白墙和黑瓦、三角形山墙和菱形花窗、虚的园林和实的建筑，这些符号语言被设计者巧妙地捕捉并融入这把"苏博椅"的设计，从而带给人另一种既熟悉又陌生的认知苏博的视角（图346）。

（2）朱菡苕作品：朱菡苕的"胡琴椅"把胡琴的形象进行简化抽象，琴轴、琴弦、琴筒构造成靠背和椅座，被刻画成点、线、面组成的类装置作品。坐在六棱柱形的琴筒椅座上，耳边仿佛真能传来暗哑的胡琴声，如泣如诉（图347）。

（3）钟婷婷作品：钟婷婷的"自行车椅"则受到张永和 "席殊书屋"自行车轮上的书架启发，把两架废旧自行车进行解体，做成一把酒吧椅，龙头、车座和脚踏的错位安置把骑行和娱乐体验融合在一起。虽然端坐并不舒适，但是作品呈现出后工业时代对于慢行交通工具的怀旧情怀，也体现出设计者对单车文化的迷恋，这在当下共享单车时代似乎更显张力（图348）。

🔍 小贴士

工匠精神

李克强总理在2016年政府工作报告中提出，要"培育精益求精的工匠精神"，这是"工匠精神"首次被写入政府工作报告。在设计学本科教育阶段注重培养和贯彻深化"工匠精神"具有当下价值与现实意义。2017年9月25日至11月3日，2017年上海美术学院教学案例展在学院展厅举行。程雪松和岑沫石两位老师指导的家具设计课程作为教学实践案例被邀参展。作为环境设计和产品设计的重叠课程，家具设计试图解决设计学本科生教育中重艺术、轻技术，重图纸、轻制造，重概念、轻落实的问题。工匠精神的相关要素——专注力、坚韧性、精细化、手作能力、创新意识等问题，在本课程中都受到相应关注，并作为教学目标被纳入学生的培养环节。

• 创意自然激活感受

（1）仇一帆作品：仇一帆利用红白两色 PVC 塑料管黏结了一把公园长椅，形态模拟雪橇犬。这些长椅可以两两嵌插，形成数只雪橇犬首尾相连、嬉戏玩耍的场景，姿态生动、饶有趣味。这把"狗咬狗椅"参加了 2014 年"为中国而设计"中国环境艺术大展并获奖（图 349）。

（2）许妍婷作品：许妍婷的"宠物椅"不仅模拟了宠物狗的造型和材质，而且椅座下留出的空间更是成为宠物狗的温馨小窝（图 350）。

这些源于自然造物的椅子设计，建立了人与动物之间温暖的情感联系，激活了人对自然的鲜活感受。

• 极简体验塑造感动

（1）王海婧作品：王海婧把一块靠背板插入一个两面贯通的椅座箱体，以精湛的技艺创作了一把"箱椅"。整个作品采用面造型构成，材质单纯，简洁通透，干净利落，没有任何多余装饰，只在靠背板边缘处进行了自上而下渐变式的细微弯折处理，以确保背板不发生滑动，也加强了背板的刚度，更好地支撑背部受力。背板抽出后，椅座箱体可以作为一张小茶几使用。极简的美学、力学的性能和多功能用途在这把椅子上融汇成一体，可见设计者的智慧和用心（图 351）。

（2）陈若愚作品：陈若愚的"飘浮椅"则试图用玻璃和混凝土两种材料打造一把透明的禅修之椅，创造出一种材料上的非常规性。一方混凝土通过点式螺栓的支撑被安放在玻璃板上，三块玻璃板围合混凝土椅座，形成既晶莹透明又有围合感的空间。设计者采用建筑化的材料语言设计家具，椅座如同楼板，扶手和靠背的玻璃宛若幕墙，带来了作品的反常尺度感受，同时脆性的钢化玻璃成为受力构件，材料和造型交接处的工艺也力求做到最精纯，又带来反常的材料体验，而这种外表低调冷漠，内在却追求极致化的状态也是设计者想传达给人心灵的一种别样体验（图 352）。

（3）何晓翔作品：何晓翔捕捉了被人忽视的房间角落空间，采用倒角的手法设计制作了一把三角形的"角落椅"。这件剖面感十足的作品似乎具有自我叙事的意味，与其说它像一把椅子，不如说更像建筑角落里一个自我绽放的空间，空间躯干上一块自我呈现的切片，一根窥豹之管，一片知秋之叶，把一处不为人知的角落点亮（图 353）。

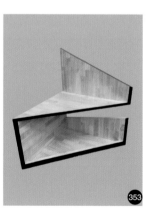

349 仇一帆设计的狗咬狗椅
350 许妍婷设计的宠物椅
351 王海婧设计的箱椅
352 陈若愚设计的飘浮椅
353 何晓翔设计的角落椅

111

Chapter 1　家具的概念
Chapter 2　家具的发展与变迁
Chapter 3　环境・家具・人体
Chapter 4　家具设计
Chapter 5　家具制作
Chapter 6　建筑・街具・定制
Chapter 7　家具设计的教学案例
Chapter 8　家具设计的作品赏析

4. 学生感言

• 2017 届费陈丞

"安·吉"竹躺椅为竹制组合式躺椅，长 142.5cm，宽 60cm，高 83cm。

该设计秉承以人为本、舒适美观的设计原则，力图体现尺度合理、环保时尚的设计思想。

作为原材料的竹子在打磨上油后，具有轻巧结实、防虫防霉的优点，并给人以与自然和谐相处的感觉。可塑性极强的竹子让椅子拥有了流畅的线条和优雅的弧度，椅背与人体脊柱相贴合，组合后的躺椅形态令人放松舒适，体现了以人为本的设计理念。可分离的组合形式，提高了椅子的利用率，也为其移动提供了便利（图 335）。

• 2017 届陈若愚

椅子是人类的一个很奇特的发明。在古代很长一段时间内，汉族人的习惯是席地而坐，并不会垂足而坐，坐椅子这一行为是后来受北方游牧民族影响而普及开来的，而日本人更是至今仍保留着席地而坐的习俗。椅子之所以会普及，我认为原因是比起盘腿坐在地上，人们普遍会认为坐椅子更舒服。此后，为了满足人们对于"舒服"的追求，出现了各种不同的椅子，从沙发、靠背椅到各式"人体工程椅"。但是真正普及以及被人们认为是必不可少的椅子类型——普通的小靠背椅，却发展得越来越"不舒适"。不论是现代主义时期开创性的"红蓝椅"、各式钢管椅等，或是时下处于潮流前沿的前卫设计椅子，很少在设计中纳入"舒适"的因素，更多考虑的是造型、色彩乃至哲学因素。

那么，一把椅子对于人而言，究竟意味着什么？作为一个简单的承重结构，椅子恰似一个十分微小的建筑，它其实代表着最简单的人与客观世界互相联系的表现形式，是对其他所有更复杂表现形式的一个高度概括。

因此，我的设计便是以这两个想法作为核心思路：微小建筑、人与客观世界的互相关联。后者主要体现在人对客观事物的感观上：触感、体验。在本设计中便是人对椅子中几乎不会涉及的材质——混凝土与钢化玻璃的独特体验。

它的尺寸以中国传统的明式圈椅作为原型，因此盘坐在上面自然而然能够感觉到这样的独特尺寸所带来的禅意。加上混凝土配钢化玻璃这样的在建筑学领域被作为极简搭配方式之一的组合，更能在使用者心中营造静谧肃穆的氛围。

当然，这是一把十分不实用的椅子（图 352）。

• 2017 届金倩惠

通过五周的家具设计课程，回想一下从前期的构思，到图纸的深入，最后将图纸转化成一把椅子的过程，我其实是蛮有成就感的。将一堆木料和钢铁进行重新塑造，因为我对木作手艺的不了解，整个制作过程变得更像是一个探索的过程。从无到有，从不会到会，最后一把椅子的成形也犹如孕育了一个孩子。我为我设计的椅子——其实更是一把换鞋凳——取名为"方圆"，棱角分明的直线条和圆形的结合，意味着目标明确，坚韧不拔，方中做人，圆中归真。换鞋凳作为一个家入户的第一件家具，平凡但充满意义（图341）！

• **2017 届李嘉馨**

设计主题为"为你的同学设计一把适合他的椅子"，我选择了我的朋友徐作为我的设计对象。徐希望拥有一把独一无二的椅子，我以此为切入点，从徐的性格特征出发进行设计。徐有自己独特的思想，喜欢沉浸在自己的世界中，但是在社会中生存的他又不得不时刻保持自己社会人的那一面。其实我们每个人都是如此，肉身在嘈杂喧闹的社会穿流，灵魂却独自飞翔，身体的本我与灵魂的真我交织成了独一无二的我们。与此同时，世界本来就由两种极端组成，冰与火、阴与阳、实与虚，那如何在一件家具中用肉眼可见的表象来表达对徐的剖析和对世界的理解呢？我用一把普通的座椅来代表本我（实），用一把镂空的座椅代表真我（虚），两者以45°角交织在一起，形成一把独特的椅子。实的部分因为太过普通而不起眼，虚的部分因为无法满足座椅的使用需求而不能单独存在，但两者相加就创造出了不一样的火花，这也是一个人存在的真实写照。座椅因为由两个椅面组成而形成了不同方向位置的可坐面，如同与一个人相处一般是多面存在的，不同的使用者会因为自己的理解与判断来选择坐在这把椅子的不同位置上，而这也是与座椅相处的过程。材料我选择了简单易操作的橡胶木板，希望用普通的材料来组成一把独特的椅子（图337）。

• **2017 届徐棽逸**

透明的物体不再是完全通透的，而是明显变得模糊不清。我的设计使用了15mm黑铁架，并将8mm的透明亚克力板置入，形成黑色框架椅子，之后将六条黑色铁框移走并重组为一个扶手（图354）。如此一来，人通过不同视角可形成不同的空间构成、行为和视角的参与，使这把椅子具有多重空间结构。椅子中没有任何实物装饰，而是以丰富的空间变化作为其唯一的装饰，进而产生椅子由实向虚的转变。而当人坐于椅子上后也将演变为椅子空间中的一部分，人体的结构与椅子的空间结构将产生多层次的互动性效果。

• **2017 届郭莉华**

椅子由不锈钢材料做成，构造元素简洁明快，为两个镂空长方体的组合，它们可以分开单独使用也可以随意组合，适合中等身材的人坐入（图355）。它根据不同需求变化不同使用功能，既可作为艺术装饰品也是一把休闲现代的椅子。当它们相互嵌在一起时，人可以坐也可以躺，感受椅子本身带来的有趣的

354 徐棽逸作品
355 郭莉华作品

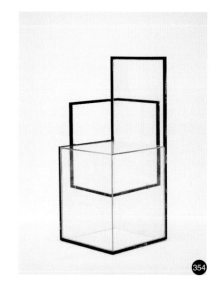
354

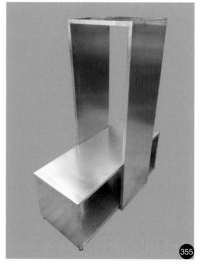
355

空间变化，而且在椅子的下面还有很大的空间，可以储物，方便又节省空间。不锈钢材料带来的冷峻的、肃穆的视觉感受结合几何造型，人参与其中，使它变得平凡又有趣。

• 2015 届秦丹妮

最初我就对家具设计这门课有着浓厚兴趣。在这门课程初期，我们跟随老师实地调研了上海云间美术馆北欧家具、明式家具和新中式家具。开始设计时，我的设计稿和设计想法相较于他人还是比较拘束的，后来经由老师的点拨，我才逐步有了一些独特的想法。我去掉了好几个因成本、加工工艺、效果等原因不可行的设计初稿，才确定了现在的家具样式。第一次做家具激发了我极大的热情。在课程进行过程中，与店家交谈想法和画图纸，到实地去看工厂加工，直到最后呈现出家具实物，我收获了很多。但是因为设计和材料所限，我的凳子可能并不能成功地实现承载人的重量的功能，这个现实还挺打击我的。我意识到了考虑家具设计不仅仅在外形，更要考虑它的受力、使用时间、舒适度等等。虽然我现在设计的家具与那些成熟的家具还有很大的距离，但只要我继续学习钻研下去，从想法到材料到工艺到实用度都做到位，我觉得我一定能设计出更好的家具作品。课程结束的同时，也很感激老师带我们实地调研学习，在我们做家具的过程中一直给予支持和鼓励。

• 2015 届房孟杰

我在这次家具设计课程中第一次体验到了一个完整的设计从构思到实物的过程，之前的课程大多是课上讲授理论，没有真正地参与到做实物的过程。这次家具设计课能有幸亲自参与设计并将其转变成实物，这一过程是很难得的。

从设计到实物这一过程并没有想象中那么轻松，要挑选设计所需要的材料，还要尽量保持设计最初的样子是很不容易的（图356）。由于材料和工艺的限制，

356 房孟杰作品

356

113

Chapter 1　家具的概念

Chapter 2　家具的发展与变迁

Chapter 3　环境・家具・人体

Chapter 4　家具设计

Chapter 5　家具制作

Chapter 6　建筑・街具・定制

Chapter 7　家具设计的教学案例

Chapter 8　家具设计的作品赏析

方案从最初的构思到真正的方案定型，中间修改三五次都是少的。而且我没有过实战经验，缺乏对数据的敏感是很大的问题，不同的材料尺寸限制各不相同，如果采用多类型材料结合的方式，那么材料的融合方式又是一个问题，要通过不断地修改和实验才能找到最后既适合设计方案又能保证材料不会有差别的方法。我没有接触过各种材料的实体，仅仅根据从网上找到的资料来确定方案材料，导致重复修改方案，不仅浪费时间精力还浪费材料。不同材料制作工艺不同，加工厂之间不能当面进行交谈也会增加工作量，调节细微的误差都要花费很多的时间，材料运输的路程和时间都对设计的"折现"有一定影响。一个看似简单的设计方案要经过反复不断地总结修改才能最终定型，这个过程中修改的每一个地方都是毫不起眼但却是牵涉到整个方案成型的关键，而且有很多"牵一发动全身"的点，要修改的就更多了。

总而言之，一个设计不论好坏，只有自己亲身体验参与，才能感受到从构思到实物是一个多么考验耐性的过程，也很有幸能在这次课程中完成自己的设计处女作，不论最终结果怎样，这个过程中我都有很大的收获。

• 2017届薛丽雯

我在家具设计课程中体验了由概念设计到具体实施的过程，其中前期推翻了大量的概念，制作中又存在着与加工方式与加工地点有关的问题，而最终的成品仍然需要反复地完善。从设计到实施的过程是艰辛的，需要多次推敲与锤炼，但亦是幸福的，能够见证自己作品的诞生。不论如何，这门课程确实让我收获颇多，其中学习到的最重要的一点是设计的统一性，此外，我也明白了加工等现实问题对一件设计的重大影响。

二、板凳设计与创新——同济大学设计创意学院教学案例

1. 课程背景

板凳小，耗材少，加工制作入门简单。但是作为载人家具，设计要求并不低。载人家具，既要考虑承重，又要预见使用者动作改变时力的变化，比如说坐下和起身时，都要平稳。初学设计通常会犯的错误，是以座面中心为垂直受力点，而忽视座面边缘或四面八方边角的受力，产生的问题就是坐凳子时必须一屁股对准，直直往座面的中心坐下，坐时需稳如座钟，否则，一不小心坐在凳子座面边缘，凳子倾倒，坐者就会摔跤。家具与建筑环境密切相关，是传达文化的良好介质。

2. 课程成果

同济大学设计创意学院（College of Design and Innovation, D&I）将

🔍 **小贴士**

体验性教学

家具设计教学倡导的是体验性教学，学生通过自己动手做一件家具，深入感知材料、工艺、形式、结构、成本等多方面问题，这就改变了过去学生依赖网络上的一些粗糙图片来学习设计的弊端，让学生能够身体力行，能够在手作体验过程中感受家具之美、工艺之美。学生也有很多灵感和创造，跟工人的沟通和碰撞也有火花，这些都是图纸教学无法传授给学生的。希望在此过程中，让学生领悟设计的本质、造物的本原。

115

Chapter 1 家具的概念　Chapter 2 家具的发展与变迁　Chapter 3 环境·家具·人体　Chapter 4 家具设计　Chapter 5 家具制作　Chapter 6 建筑·街具·定制　Chapter 7 家具设计的教学案例　Chapter 8 家具设计的作品赏析

板凳设计正式纳入本科二年级的工业设计课程至今已有五年。本课程先后获得2013年度上海市教学成果一等奖，2014年同济大学教学成果一等奖，2016年同济大学教学成果二等奖。历届学生作品中优秀的设计层出不穷，其中有获得红点概念奖的设计，也有参选米兰国际家具展第一届上海展、米兰设计周卫星厅（SaloniSatellite）、上海国际家具展等各类设计展的作品，更有一些在概念和设计上可圈可点，功能和材料应用创新独具的作品。

3. 课程要求

作为家具设计的基础，本课题要求简单明确：平稳，结实，让自己满意。教学建立在"设计基础"课程基础上，辅以"材料与加工方式""设计原理""设计史"等课程。在学习过程中，学生以锻炼产品设计结构合理性为基本目标，然后引入产品功能、造型、材料、连接及文化等因素的探索，目的是帮助刚刚迈进设计大门的学生先建立起明确的目标，同时又不限制他们发挥创造力的空间。在教学中，老师引导学生活学活用材料课所学的选材知识，并选取适合的加工方式，鼓励学生自己动手制作模型，通过在模型上的测试，不断修改设计，提升板凳的品质，最终迭代出实际的设计样品。二年级的学生尚未接触过市场及品牌的课程，即便做客户调研也多半来源于自己的主观臆想，索性鼓励学生结合"设计原理"课程中对设计的理解，以"自我"的需求出发，探索功能创新。这样的自由度反而让辅导"有度可循"，还能让学生的个性得到充分地彰显，"由小渐大"增加学生成为"设计师"的信念和主观能动性。

357 姚初晴作品
358 高亦馨作品

4. 作业点评

● 姚初晴作品：实验性是学生设计过程中最大的特点。木材具有"各向异性"，在连接部件上无法与金属管材相提并论，姚初晴便不拘于木材单一的选择，其凳子设计结合了木材的天然纹理的感官与钢管的强度。实践体验钢管的不同加工方式和表现性能，逐渐形成以钢管过渡到扁钢，与实木座面连接，并利用实木的天然缩胀，和坐人时产生的重力、扭力等因素紧固连接点。通过自己双手打造出部件，造型虽不抢眼，色彩亦不耀眼，却闪烁着探索与创新的精神（图357）。

● 高亦馨作品：学生凳子设计中最明显的是多样的连接方式，基于学生对框架式家具榫卯的学习和对板式家具五金连接的学习之后，发挥精妙思维产生的创新设计。高亦馨对自己凳子的设计感念是要"怡情易景"，让人随意坐，坐得开心，要适应不同的空间风格，大方正气，吸引目光却不突兀。凳子造型现代，细节丰富，凳面四边曲线与中间部分曲面的运用恰到好处，富有生命活力。在制作方式上，她采用了榫卯与木销相结合的方法连接，再以白胶固定。橡木通过家具蜡打磨，天然纹理与质感体现得淋漓尽致，成为一把大家都想带回家的凳子（图358）。

357

358

• 廖海平作品：现代都市生活步伐加快，城市空间日益紧凑，造成了家具设计对收纳功能的强调。可折叠的功能也逐渐成为学生凳子设计中的主流。廖海平的设计在现代感中还增添了一丝现下流行的工业风。四条凳腿的错位排列，使其折叠时全部都能平贴于凳面底部，有效利用空间，体积更小。板材运用没有顾及木材的顺断纹特性，略有不当，设想在二次打样中调整。整体设计控制具有节奏，特别是凳腿底部的白色尼龙护套，使造型更加轻盈活泼，同时显示出不逊于成熟设计师的对细节控制的能力（图359）。

• 胡媛媛作品：平板运输，现场装配也是现代设计中的惯用方式，优势是降低物流成本。胡媛媛的设计一反将凳腿装配到凳面上的方式，将凳腿分为左右两半，先与支撑凳面的横档连接在一起，再通过凳面侧边的收口，将带腿的横档一个一个锁在座板下方，两个半条的凳腿也就拼成了一条完整的凳腿，最后用尼龙脚垫把凳腿底部紧固在一起，完成凳子的装配。所有部件均可包装在一个扁盒里，安装方式简单。三种材料搭配现代，造型简洁流畅（图360）。

• 梁策作品：获2017年红点奖的作品。梁策设计的球凳是用胶合板制作的，橡胶球为该作品的点睛之笔。橡胶球不仅用作支撑结构，同时产生轻微的弹力，让人在坐下时获得有趣的体验。凳子侧面形态来源于分枝的树干，球和板的组合也让家具更具趣味（图361）。

• 彭璐嘉作品：彭璐嘉的凳子以"三"为灵感，三条凳腿下部构成支撑结构，三条凳腿上部构成凳面，用三个木销加固结构。该作品用胶合板弯曲加工，一次次在模型中实验，反复修改，提炼出最终的设计产品（图362）。

• 张梦恬作品：张梦恬将坐垫部位拓展成储物的空间，选择羊毛毡和ABS板折叠方式，尝试运用拉链连接，拉上拉链形成坐面，打开拉链可以收纳物品。毛毡布的质感，灰与粉的配色，与橡木的天然色泽和谐一致（图363）。

• 吴李贝作品：视觉游戏是学生经常爱用的设计技巧，造型变化与色彩、透明度的搭配，创造出人意料的效果。亚克力材料具有透明、色彩丰富的优点，便于加工成形，表现性能较为均一，是现代设计中常见的材料，深受学生的喜爱，但是要设计出好的作品也不容易。吴李贝的凳子用一张压克力板，数控切割后热弯一体成形。凳子座面和底面的两条缝让人有断片的错觉（图364）。

• 李婷婷作品：李婷婷设计的凳子具有超现实感。利用热弯亚克力板解决支撑强度的问题，热弯的凳腿部件也组成了弧形座面的造型图案，该作品多次参选各大家具展，备受瞩目（图365）。

• 何毓嘉作品：何毓嘉以"延展"为概念，让设计尽量纯粹，以便使凳子在空间有无限延展的可能性。他在制作中尝试碳纤维和钢管支撑结构，整个凳子没有一处的钢结构可以被去除，凸透镜凳面效果出众，让整个凳子妙趣横生（图366）。

• 李轶萌作品：设计创意学院生源有理工科和艺术类两种，学习交流中大家取长补短。国际化的视野和各类专业活动让学生很早就有敏锐的判断能力，学

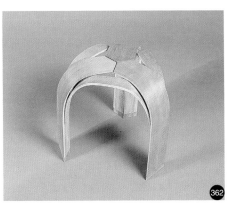

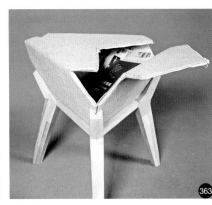

359 廖海平作品

360 胡媛媛作品

361 梁策作品

362 彭璐嘉作品

363 张梦恬作品

364 吴孛贝作品

365 李婷婷作品

366 何毓嘉作品

117

Chapter 1　家具的概念

Chapter 2　家具的发展与变迁

Chapter 3　环境·家具·人体

Chapter 4　家具设计

Chapter 5　家具制作

Chapter 6　建筑·街具·定制

Chapter 7　家具设计的教学案例

Chapter 8　家具设计的作品赏析

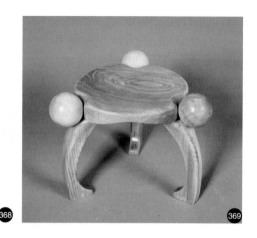

生的设计也不拘于民族或传统文化，而多以巧思妙想带动功能创新。李轶萌来自汽车设计专业，一年"机械设计"专业学习背景在他的设计中得以展现。以"给换灯泡的女生设计一把站得稳的凳子"为目的，他的板凳设计通过一系列齿轮和连接杆，让凳腿自如地收缩和展开，满足当凳子作为坐具时放腿的空间和作为踩站工具时的稳定性（图367）。

　　• 周大维作品：偶尔也有充满着浪漫情怀的设计作品。周大维设计的"歧鹿"高凳造型灵感来源于鹿，稳重而空灵的姿态，拥有鹿的坐骑属性还兼有轻盈的灵性。离开地面的一条腿更是画龙点睛之笔，赋予凳子运动的姿态，在简化造型的同时保留了胫骨与趾骨之间的关节外形，栩栩如生（图368）。

　　• 李圆圆作品：李圆圆认为从古至今，凳子的基本功能就是"坐"，但也有"坐""请坐""请上座"的区别。这些意思是否能通过板凳的造型来诉说，主动地邀请人来坐？她学习了无意识设计的方法，凳子造型为三个小人托起一个凳面，抽象圆润，生动活泼。曲面与木纹相互映衬，极具亲和力，给了板凳"人的情怀"（图369）。

367 李轶萌作品
368 周大维作品
369 李圆圆作品

🔍 **小贴士**

板凳设计与创新
板凳设计可以有很多的创新点，但必须抓住载人家具的需求，全面考虑人在使用产品中可能产生的常规动作和非常规的意外动作，设计坚固而稳定的结构。

🔍 **课堂思考**

1. 从"定制一把椅子"和"创新一张凳子"两个题目中选取一个进行图纸绘制和方案解析。
2. 选择两件学生作品进行反思和推敲，并提出改良设计建议。

Chapter 8
家具设计的作品赏析

学习目标

通过对本章四个作品案例的赏析，理解从工匠文化、美学趣味和空间环境等不同视角进行家具设计的不同理念方法及其设计表达。

学习重点

1. 对家具设计作品进行分析和解读。
2. 思考家具设计作品及其空间环境之间的耦合关系。

一、明式罗锅枨圈椅

这件作品由徐苏彬提供，是 2016 年首届中国（台山）传统家具明式圈椅制作工匠大赛金奖作品，由设计师根据原香港明式家具收藏家叶承耀所藏的明代黄花梨攒靠背圈椅仿制而成，并对器型的尺度和线型进行了改良，融入了设计师徐苏彬本人的个性追求和对于制器的美学思考（图 370）。评委对此作品的评价是："此椅架构清隽，椅圈五段攒接，末端不出头，直接与鹅脖以'挖烟袋锅'榫接，颇异常式。通观椅身，整体布局开合有度、疏密得体，意蕴玲珑清秀，结体简峻明朗，纹理瑰美，只背板略透雕开光为饰，其余一任光素，而皆以轮廓外饰，深得明式家具简练之美。"

1. 评价标准

对明式圈椅设计制作的评价标准主要体现在设计造型、制作工艺、材质使用、韵味格调四个方面。

• 设计造型方面：要求在继承明式圈椅"方圆结合、张弛有度、典雅含蓄"基本特点的基础上，选取或设计相应款型进行制作，以达到比例协调、优美典雅的效果。

• 制作工艺方面：要求以精工细作的态度，在木工技艺、刮磨打磨、雕花装饰、榫卯结构等方面深入传承传统红木家具制作工艺。以手工为主的制作方式，要呈现制作工艺的科学、严谨、细致，体现工艺的美感。

370 作品成形

370

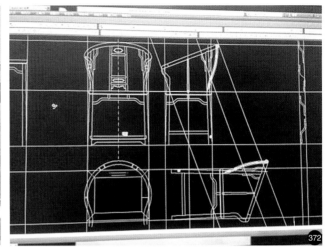

121

Chapter 1　家具的概念

Chapter 2　家具的发展与变迁

Chapter 3　环境·家具·人体

Chapter 4　家具设计

Chapter 5　家具制作

Chapter 6　建筑·街具·定制

Chapter 7　家具设计的教学案例

Chapter 8　家具设计的作品鉴析

371 匠心

372 制图

373 天然木材

• 材质使用方面：在红木国标五属八类三十三种之中，以缅甸花梨为用材等级起点。材料的选取要与造型、工艺相符合，并注重材质纹理的协调搭配、用材的标准与规范。

• 韵味格调方面：通过对家具韵味的把握，制作出符合中国传统家具审美规则并具独特风貌的作品。

2. 匠心

过去在学校时，师傅常在耳边念叨：制器如同做人，用心领悟做人之道，方能感受到器物的美，才能创造出美。当时对师傅的话只能一知半解。只有在实实在在的工作中，当设计师对于老物件的理解，从照片到图纸，再从图纸一点点变成活生生的器物时，他才会逐渐领悟到：没有一颗虔诚的心，又怎么能制成精美的器？（图371）

3. 制图

制图是制器之始，设计时二维平面上分毫的疏忽在转化到多维度的实物上后就会被成倍放大，所以每一个构件的比例、曲度都要反复考量，每一个虚体空间的节奏变化都要精心划分（图372）。

4. 材质

木头是一种自然纤维材料，富有天然的、具有生命力的纹理。亲切、温和、舒适的质地，总是能够触碰到人内心最深处的感动，这也是中国传统木构建筑会选择以木材为主要材料的原因。精心选材是实战的第一步，如框架材需直纹中材，对称性的构件需对称的木纹木色，靠背板需弦切山纹纹理等。不同位置的构件，设计者择取不同纹理、木性的木材，从而达到"因材施艺""以纹塑形"的效果（图373）。

5. 工艺

在极简的线型中幻化出极丰富的变化正是明式家具的动人之处。匠人师傅们大都有几十年的木作经验，从他们手里诞生的器物不计其数，这给制作带来极大便利的同时也埋下了"惯性"理解图纸的隐患，所以每一款器物在开工前都要与师傅们充分沟通：各个线脚毫厘的差异、比例尺度的拿捏、一榫一卯间预留量的大小……（图374）

拉花时一定要按照图纸的曲度变化，粗拉后需根据线型用粗砂纸进行修整，使得线型的曲度变化舒展劲挺、自然流畅；定型后起饱满圆润的灯草线，进一步显型（图375）。

刮磨首先是刮除锯痕留下的戗茬儿波浪，使得木纹表面更加平整光滑；其次是将构件间衔接的根脚清理干净；最后是把构件的线型进一步修整梳理，达到进一步塑形的目的（图376~379）。

砂纸从粗砂到细砂反复打磨后便可以进行烫蜡工艺了（图380）。

木，从自然形态的圆材，到人为加工成方材，再回到"圆"的器，经历了锯解、车铣、刨、刮、磨的历练，融入了设计者和匠人的心、思、技艺，完成了轮回和重生（图381）。

🔍 小贴士

挖烟袋锅榫

明清家具中常见的榫卯结构，因母榫挖成烟袋锅状，故名"挖烟袋锅榫"，通常用于扶手或搭脑与鹅脖或后腿上截的连接。挖烟袋锅榫的制作对于榫头和榫眼的大小要求很高，其开榫的比例大小和松紧度直接影响着椅子的使用寿命。

374 沟通图纸
375 拉花
376 刮磨

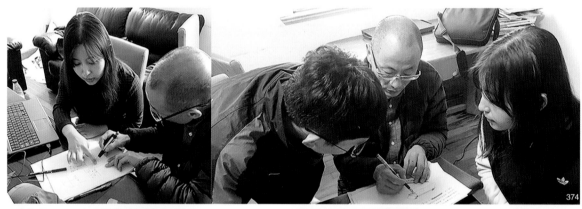

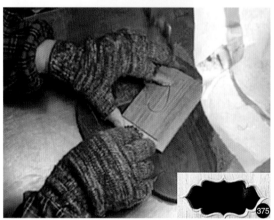

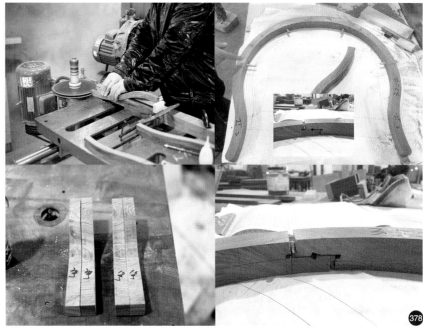

377 选材备料

378 开榫铣型

379 装配

380 打磨烫蜡

381 家具成形

123

Chapter 1 家具的概念

Chapter 2 家具的发展与变迁

Chapter 3 环境·家具·人体

Chapter 4 家具设计

Chapter 5 家具制作

Chapter 6 建筑·街具·定制

Chapter 7 家具设计的教学案例

Chapter 8 家具设计的作品赏析

二、现代趣味储纳柜

这一组作品由莫娇提供，展现了设计师站在东西方文化的交汇处，对储纳类家具进行的创新和思考。作品兼具趣味性和实用性，充分体现出现代家居生活中人的情感和功能诉求。

1. 路易十五酒柜

路易十五酒柜以现代的材料语言造就洛可可的线条和曲面，将储存红酒的功能和路易十五时代的造型符号相联系，旨在将沙龙社交的乐趣带入我们的现代生活。

路易十五酒柜的设计使用当代较为流行的数字化方式，通过二维加工组合成为三维曲面。

以法国路易十五时代洛可可风格的球面柜为原型，截取横向和纵向截面，运用数控切割出异形的胶合板轮廓，再将其纵横插接配装出家具。垂直相交的胶合板不仅构成一个个小空间，供储藏平放的红酒瓶，还构筑出产品的曲面造型，是功能与形式紧密融合的家具设计产品。

该作品曾参展于米兰国际家具展的卫星厅展览，多次刊登在设计、艺术杂志上，远销海内外（图382）。

382 路易十五酒柜

383 转角柜

384 浮柜

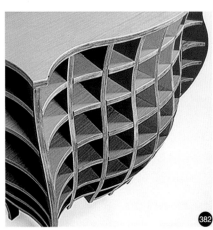
382

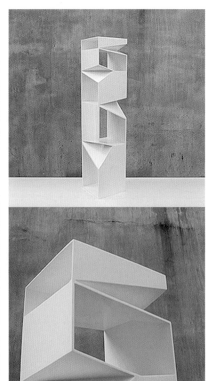
383

384

125

Chapter 1 家具的概念　Chapter 2 家具的发展与变迁　Chapter 3 环境·家具·人体　Chapter 4 家具设计　Chapter 5 家具制作　Chapter 6 建筑·街具·定制　Chapter 7 家具设计的教学案例　Chapter 8 家具设计的作品赏析

2. 转角柜

转角柜面向四个方向打开，便于放置物品。空间上的穿透寓意了书、物和人的穿越关系。

转角书柜的设计概念为弱化空间环境中的死角，各隔层的打开方向不同，便于置物，并且让使用者看到家具时，每个角度都有变化丰富的视觉效果。书柜用杜邦可力耐材料加工制作而成，充分利用了可力耐材料无缝连接的特殊性能，将家具所需的各个部件用定制的夹具黏结组合，打磨后，家具全身无缝无螺丝，浑然一体，未来感实足。

该作品在国内外家具展中崭露头角，成为现代家居中的新宠（图383）。

3. 浮柜

在有无之间，在透与不透的交替中，储物功能与环境发生着融合与对话，使生活充满戏剧气氛。

浮柜设计通过木板与亚克力的对比，体现趣味性。矩形的抽屉柜体块原本显得结实厚重，但是通过亚克力隔层的架置，视觉上呈现出飘浮并凝固在空中之感。

该作品曾参展于米兰国际家具展的卫星厅展览，受到众多消费者的青睐（图384）。

三、HNA 大厦接待空间家具

这一组作品由程雪松提供，出自 2016 年进行的黄浦江畔 HNA 大厦 20 楼公共接待空间的环境设计。整个大堂和走廊两个区域公共空间约 250 平方米，设计采用一硬一软、一静一动的手法，在以"山川"为主题的定制化设计中，试图消解原写字楼空间冷硬的德系风格，以源自中国传统诗画的造型和调性创造一

  385 HNA 大厦办公空间大堂实景

个现代化的办公接待空间。设计中包括屏风和前台两件家具，另外设计师在吉盛伟邦挑选了几件成品沙发，为新海派风格（图385）。

1. 屏风

休息区的屏风设计灵感来自明暗交织的山峦，提取山影元素并将其抽象化，隐于立柱后。以不同密度格栅营造几何陡峭的山峰剪影，与旁边由绿植包裹的立柱相组合，一硬一软、一疏一密、一粗壮一纤薄，为休息区围合出一个山外青山的半私密空间。身处其中可以体察群峰环伺、空山莺语。精心搭配的新海派黑白沙发，契合来访者渊渟岳峙、如沐春风的心境。屏风采用直线和弧线两种图案，分别位于接待台两侧（图386）。

2. 前台

长约6.5m的前台如同山脚下匍匐的小丘，又像河滩上的卵石。内部钢骨架，外部选用稳定性较好的柚木和人造石材质。前台两侧设计了半透明灯箱，组合成稳定的山字形结构。正立面间隔8cm均布3cm宽铜条，铜条背后紧贴亚克力灯箱上"观沧海"的黑白图像，塑造沧海横流、惊涛拍岸的效果。前台上方悬挂吊

 屏风效果及实景

387 前台实景

388 前台制作

灯与之呼应，限定出整个大堂最重要的礼仪空间（图387、图388）。[6]

四、阿忠艺坊家具

这一组作品由程雪松提供，出自 2008 年为画家黄阿忠设计的工作室——阿忠艺坊。设计服务的客户是作家、棋手、酒友，所以定制化的设计中确定了书墙、棋榻和吧台三个建筑化的主题家具，一方面希望契合画家自身的气质，另一方面可营造情感化的环境空间。设计从他的油画作品《爱琴海》中开始沉淀基调，铺陈展开（图389）。

1. 书墙

首先在空间中设计一面"书墙"，用来存放他的书籍（图390、图391）。原来房间由两个 8000×7700mm 柱跨的近似于方形的单元组成，中央墙体是剪力墙，仅能开启一个 1500mm 宽、2100mm 高的门洞。根据墙体的长度（约8500mm）、高度（3250mm）和突出墙面的管井尺寸（约750mm），"书墙"的网格尺寸被定为 750×500mm，成 3:2 的宽高比例均匀分割，中间开1500mm 洞口。墙面的整体基调采用暖红灰色，材料选择老杨松木，蜿蜒的纹理和凹凸不平的质感营造出质朴的触觉体验，也暗示《爱琴海》中笔触生动的大面积红色屋顶块面。

书架在建筑学中被认知为具有储藏、展示功能的轻质隔断，其尺度是人视线和肢体动作的延伸。"书墙"的意象是这一概念的放大，并且与承重、分隔的感受相复合，形成具有多义性的空间符号。它夸张的尺度，暗示着阅读行为超越局

389 油画《爱琴海》
390 书墙和转门
391 书墙施工

6 程雪松，童安琪，蔡聪烨.黄浦江畔山水定制［J］.室内设计与装修，2017（09）：128-129.

 棋榻

393 棋榻施工

部，布满整个空间。通过结构体系的渗入，阅读的力量感进一步得到彰显。

　　书墙把房间一分为二，当中的门洞是两个空间联系的唯一开口。在这里，门轴设在门宽的三等分点处，这样，无论你身处门的哪一侧，门扇的旋转都会带来对面空间的开启和关闭，自身所在空间也以动态的方式与其产生交流。普通门扇的大小扇在此成为空间的大小"扇"，大"扇"空间制造着发现的欢悦和穿越的自由，小"扇"则表达着求索的理想和窥视的激情。

2. 棋榻

　　在入口左手处把地面抬高1050mm，采用工字钢梁和槽钢短柱的结构，形成一个约2200×5000mm的水平面。空间原来的净高度是3250mm，地面抬起以后局部净高度减为2200mm，适合坐、卧等活动方式。架空的1050mm高空间，减去结构高度，净高920mm，成为放置油画框的储藏空间。由于进深大，在地上铺了六根槽钢作导轨，又用方钢做了三个箱子成为储藏柜，下面安装滑轮，可在轨道上滑动。箱子外露的部分用同样暖色的杉木板作为面板，布满结节的表面形成自然的肌理。箱子是功能的部件，而轮轴在滑轨上位移时的声响和动态，解构了静止的空间体系，形成画家工作中独特的仪式过程。以"棋榻"为基础，解决榻平面到地面之间高差的六级台阶也采用钢结构的支撑，表面用略微挑出的木板作为台阶的踏面。青灰色刺槐木板正好和"书墙"的暖色形成反差，也构成了除地面以外的主要水平面材质。工字钢梁的外露部分成为榻平面的自然镶边，清漆刷过以后，钢表面暗红的锈迹、抛光的焊接处和划痕都退隐到漆色后面，融为自然的整体。又在钢梁上方加了一根扁铁，环绕整个"棋榻"，在视觉上是扶手功能的暗示，和工字钢的翼缘线脚一起强化了空间中最主要的水平线条。这根坚硬的金属线回应《爱琴海》画面中深蓝的海岸线，从而控制住整个空间中线的格局（图392、图393）。

129

Chapter 1 家具的概念

Chapter 2 家具的发展与变迁

Chapter 3 环境·家具·人体

Chapter 4 家具设计

Chapter 5 家具制作

Chapter 6 建筑·街具·定制

Chapter 7 家具设计的教学案例

Chapter 8 家具设计的作品赏析

394 吧台

395 吧台施工

3. 吧台

　　酒吧空间当然应当以吧台为核心展开，"棋榻"对面一块同样高度的 1500×600mm 的老杨松木台面形成了吧台的水平面。为了更好地限定这个吧台空间，设计者又用了几个水平和垂直的面来共同呼应这个台面。此处引入了一种新的材质——灰色清水砖。从威海路收来旧石库门拆除后留下的青砖，很多砖块身上都烧制了传统民间筑屋的标记和编号。这样砖墙就不仅仅是流行符号，而且成为城市记忆延续的见证，成为一种海派画家与历史文脉之间的精神观照。设计方案在确定吧台面的支撑形式时，为这个结构安排了一段转折的青砖墙体，使得"面"开始向体量过渡，平面转化成三维。为了强化小空间的怀旧感，又请工匠师傅们在其中非承重墙身上砌出几个十字形砖花；也通过这样镂空的装饰处理，暗示出墙面不承重的力学本质。在吧台上方，红色喷淋管从石膏吊顶中穿过，吊顶的形态因为避让管道而呈现出不规则的转折面。吧台后面，红黑相间的马赛克防水墙面和银灰色金属台盆勾勒出空间的使用功能主题。红的线、灰的、白的面，以及作为点的设备和花窗，在吧台周围 5m² 范围内，弹奏出旋律最紧凑的一段乐章，挤压着空间的密度，形成紧致细腻的身体体验，在结构上成为对《爱琴海》中笔触骤然收缩的画面重心的回应（图 394、图 395）[7]。

7　程雪松.海上画坛——阿忠艺坛创作谈［C］.第三届中国环境艺术设计国际研讨会论文集，北京：中国建筑工业出版社，2011。

后记

家具是当代设计的重要载体形式。"家具设计基础"是设计学科中的一门既普及又非常重要的专业课程，室内设计、环境设计、产品设计、展览设计甚至都市手工艺等专业方向的本科生、研究生都要接受这门课程的相关训练。目前，国内大多数美术院校、农林院校以及工科院校都开设了这门课程，但是不同类型的学校由于学科背景差异和培养目标不同，教学的侧重也会有所区别。随着时代的发展，制造业的升级，学科的融合，生活方式的变革，在"创新驱动、转型发展"的社会背景下，在中国高等教育进行"双一流"建设和精品化、特色化提升的背景下，有必要以崭新的视角重新审视这门课程，更有必要结合时代需求对教学目标、教学任务、教学方式等问题进行全面梳理，为培养面向未来的设计师和设计理论家打好基础，做好准备。

本书的三位主要撰稿人分别为上海大学上海美术学院的程雪松、同济大学创意设计学院的莫娇以及航管红木家具公司的徐苏彬。三位作者多年从事环境设计、产品设计教学研究和家具设计制作实践，有丰富的高校教学经验和跨专业的实践思考能力，依托各自的工作平台进行了多年的家具设计研究，分别从不同的视角和学术背景出发，试图对"家具设计基础"这门课程进行比较全面完整的讨论，并对实践当中的若干热点问题有所回应。

本书主体内容共分八个篇章，以作者多年的教学实践为基础，分别对家具的概念，家具的发展与变迁，家具、环境和人体之间的关系，家具设计的内容流程，家具制作，家具与建筑、街道家具以及产业趋势的关系、教学案例，项目实践等问题分别进行讨论。其中第一、二章和第七章第 2 节、第八章第 2 节由莫娇主笔撰写，第三、四、六章和第七章第 1 节、第八章第 3、4 节由程雪松主笔撰写，第五章和第八章第 1 节由徐苏彬主笔撰写。程雪松策划全书结构框架，并进行通篇文字梳理、审定。

本书要感谢上海美术学院设计系原主任董卫星教授撰写前言，环境设计专业教师岑沫石副教授、何盛老师、视觉传达专业赵蕾副教授提供相关教学案例支持，汤宏博、王一桢提供作品案例，吉俊给相关作品摄影记录，研究生蔡亦超、杨璐，本科生王宇新、费陈丞、兰瑞钰等为本书搜集和处理插图。还要感谢上海人民美术出版社孙铭老师的不断督促和鼎力协助。没有所有人的投入，本书无法得到高品质的呈现。

另外，家人的无私奉献和朋友们的大力支持也是本书成稿的必要条件。

限于作者水平和囿于教材篇幅，本书所能深入讨论的内容仍然十分有限，但是希望它能够给广大专业工作者和业余爱好者提供一个参考和批判的平台。若能让所有关心家具工业和设计行业发展的同仁们有所思考和启迪，便是本书全体编写组成员的最大荣幸。

程雪松

于 2017 年教师节

参考文献

（1）[美]李杰.工业大数据[M].北京：机械工业出版社，2015

（2）黄艳.环境艺术设计概论[M].北京：中国青年出版社，2007

（3）Jim Postell著.王学生，陈莉译.家具设计[M].北京：电子工业出版社，2014

（4）方海.建筑与家具[M].北京：中国电力出版社，2012

（5）田云庆，胡新辉，程雪松.建筑设计基础[M].上海：上海人民美术出版社，2006

（6）程雪松.展示空间与模型设计[M].上海：上海大学出版社，2007

（7）牛晓霆.明式硬木家具制造[M].哈尔滨：黑龙江美术出版社，2013

（8）王世襄.明式家具研究[M].香港：三联书店（香港）有限公司，1989

（9）邵晓峰.中国宋代家具[M].南京：东南大学出版社，2010

（10）Adriana Boidi-Sassonne，André Disertori.Le Mobilier du XVIIIe siècle à l'art déco [M]. TASCHEN 2000

🔍 《家具设计基础》课程教学安排建议

课程名称：家具设计基础

总学时：75—150 学时

适用专业：环境设计、产品设计、室内设计、景观设计、建筑设计、都市手工艺

一、课程性质、目的和培养目标

课程性质：专业必修课、专业选修课。

目的：旨在培养学生的空间审美能力、人体工程技术素养和对材料结构的理解能力。

培养目标：在环境设计和产品设计专业教学中，"家具设计"属于专业必修课。但是有别于产品设计，环境设计中的"家具设计"教学目标并非要求学生精确掌握家具产品设计、打样、制造等产业链流程的专门知识技能，而着重培养学生带着产品思维进行环境设计的创作能力，能够兼顾身体体验和审美需求塑造环境作品。通过二维图纸的思考研究和身体力行的建造感受，深入理解空间容器的材料性、工艺性和社会性特点，建立身体体验—空间—心灵认知三位一体的自我培养目标。而产品设计中"家具设计"教学目标则比较清晰直接，就是能够从调研、策划、设计到打样、生产、配送、销售，完成一件家具产品的完整设计工作。

二、课程内容和建议学时分配

第一章　15—30 学时

第二章　15—30 学时

第三章　8—15 学时

第四章　15—30 学时

第五章　8—15 学时

第六章　8—15 学时

第七章　4—8 学时

第八章　4—8 学时

三、课程作业

1. 要求学生选取现实生活中的座椅进行测绘，着重揣摩各种材料和构件的连接节点问题，并通过分析图的方式进行演绎和表现，同时对教室的椅子进行各种可能性的改良。

2. 要求学生自行设计制作一把椅子，以"实用、坚固、美观"作为评价标准。在产品呈现以后，设计者被要求坐在自己的设计作品上体验，并提出改进设计的可能。

3. 为本班级你熟悉的同学（或者你的家人）设计并制作一把椅子。

基本要求：

1. 样式和尺度适合，可以满足这位同学的行为习惯和使用需求。

2. 造型、材质、纹样、色彩等能够体现这位同学的颜值或者气质。

3. 满足这位同学对椅子或者坐的行为的独特心理想象。

提交成果：

1. 这位同学的要求

2. 你对这位同学诉求的理解

3. 设计图稿——三视图、透视图、装配图等

4. 制作过程照片

5. 工作模型照片

6. 椅子实物

7. 椅子和这位同学的合影

工作时间：

3—4 周

材料：

1. 金属

2. 木材

3. 马粪纸、包装纸

4. 其他

工作进度：

第 1 周完成概念、计划和图纸

后面 2-3 周进行制作

四、评价与考核标准

1. 概念构思 25 分

2. 图纸表达 20 分

3. 实物造型 25 分

4. 材质工艺 20 分

5. 绿色经济 10 分

环境艺术设计专业系列

《室内设计简史》（第二版）

ISBN 978-7-5586-2726-2

定价：75.00 元

《展示设计》（增补版）

ISBN 978-7-5586-2056-0

定价：98.00 元

《商业会展设计》

ISBN 978-7-5586-0607-6

定价：58.00 元

《环境设计手绘表现技法》（新一版）

ISBN 978-7-5586-1568-9

定价：68.00 元

《商业空间设计》（增补版）

ISBN 978-7-5586-2236-6

定价：65.00 元

《家具设计基础》（增补版）

ISBN 978-7-5586-2235-9

定价：65.00 元

《室内软装设计》（新一版）

ISBN 978-7-5586-1670-9

定价：78.00 元

《公共艺术设计》（新一版）

ISBN 978-7-5586-1569-6

定价：65.00 元

《环境照明设计》（增补版）

ISBN 978-7-5586-2092-8

定价：78.00 元

《环境人体工程学》（新一版）

ISBN 978-7-5586-1671-6

定价：78.00 元

《城市景观设计》（第二版）

ISBN 978-7-5586-2403-2

定价：75.00 元

《设计思维与方法》

ISBN 978-7-5586-2404-9

定价：68.00 元

上海人美第一工作室
微信公众号

提示：扫描右方"上海人美第一工作室"微信二维码，关注公众号平台，在对话框内输入关键词（本书名），即可获得本书更多精彩内容。

CGC
动漫游戏学院

动漫游戏学院系列丛书

《画人物很简单》

扫二维码购买

《想象的魔力2：全球50位艺术家的奇幻怪诞艺术概念设计图集》

扫二维码购买

《透视画法入门》

扫二维码购买

《迪士尼动画大师的角色设计课》

扫二维码购买

《人物默写想象与创造（经典版）》

扫二维码购买

《手绘人体形态（畅销版）》

扫二维码购买

《路米斯经典美术课纪念套装版（全5册）》

扫二维码购买

《人体姿态素描技法》

扫二维码购买

《动态人体结构》

扫二维码查看

动漫游戏学院系列更多图书